경북의 종가문화 46

민족고전 「춘향전」의 원류,
봉화 계서 성이성 종가

기획 | 경상북도 · 경북대학교 영남문화연구원
지은이 | 설성경
펴낸이 | 오정혜
펴낸곳 | 예문서원

편집 | 유미희
디자인 | 김세연
인쇄 및 제본 | 주) 상지사 P&B

초판 1쇄 | 2017년 8월 21일

주소 | 서울시 성북구 안암로 9길 13(안암동 4가) 4층
출판등록 | 1993년 1월 7일(제307-2010-51호)
전화 | 925-5914 / 팩스 | 929-2285
홈페이지 | http://www.yemoon.com
이메일 | yemoonsw@empas.com

ISBN 978-89-7646-374-6 04980
ISBN 978-89-7646-368-5 (전6권)
ⓒ 경상북도 2017 Printed in Seoul, Korea

값 18,000원

민족고전 「춘향전」의 원류,
봉화 계서 성이성 종가

경북의 종가문화 연구진

연구책임자   정우락(경북대 국문학과)

공동연구원   황위주(경북대 한문학과)
                  조재모(경북대 건축학부)

종가선정위원장   황위주(경북대 한문학과)

종가선정위원   이수환(영남대 역사학과)
                  홍원식(계명대 철학윤리학과)
                  정명섭(경북대 건축학부)
                  배영동(안동대 민속학과)
                  이세동(경북대 중어중문학과)

종가연구팀   김위경(영남문화연구원 연구원)
                  이상민(영남문화연구원 연구원)
                  이재현(영남문화연구원 연구원)
                  최은주(영남문화연구원 연구원)
                  황명환(영남문화연구원 연구보조원)
                  전설련(영남문화연구원 연구보조원)

경상북도에서 『경북의 종가문화』 시리즈 발간사업을 시작한 이래, 그간 많은 분들의 노고에 힘입어 어느새 46권의 책자가 발간되었습니다. 본 사업은 더 늦기 전에 지역의 종가문화를 기록으로 남겨 후세에 전해야 한다는 절박함에서 비롯되었습니다. 이제는 성과물이 하나하나 결실로 맺어져 지역을 알리는 문화자산으로 자리 잡아가고 있어 300만 도민의 한 사람으로서 무척 보람되게 생각합니다.

경상북도 신청사가 안동·예천 지역에 새로운 자리를 마련하여 이전한 지도 일 년이 훌쩍 넘었습니다. 유구한 전통문화의 터전 위에 웅도 경북이 새로운 천년千年을 선도해 나가는 계기가 될 것이라 확신합니다. 그리고 옛것의 가치를 소중히 하는 경북 전통문화의 중심에는 종가宗家가 있습니다. 우리 도에는 240여 개소에 달하는 종가가 고유의 문화를 온전히 지켜오고 있어 우리나라 종가문화의 보고寶庫라고 해도 과언이 아닙니다.

하지만 최근 산업화와 종손·종부의 고령화 등으로 인해 종가문화는 급격히 훼손·소멸되고 있는 실정입니다. 이에 경상북도에서는 종가문화를 보존·활용하고 발전적으로 계승하기 위해 2009년부터 '종가문화 명품화 사업'을 추진해 오고 있습니다. 그간 체계적인 학술조사 및 연구를 통해 관련 인프라를 구축하고, 명품 브랜드화 하는 등 향후 발전 가능성을 모색하기 위해 노력하고 있습니다.

경북대학교 영남문화연구원을 통해 2010년부터 추진하고 있는『경북의 종가문화』시리즈 발간도 이러한 사업의 일환입니다. 도내 종가를 대상으로 현재까지『경북의 종가문화』시리즈 46권을 발간하였으며, 발간 이후 관계문중은 물론 일반인들로부터 큰 호응을 얻고 있습니다. 이들 시리즈는 종가의 입지조건과 형성과정, 역사, 종가의 의례 및 생활문화, 건축문화, 종손과 종부의 일상과 가풍의 전승 등을 토대로 하여 일반인들이 쉽고 재미있게 읽을 수 있는 교양서 형태의 책자 및 영상물(DVD)로 제작되었습니다. 내용면에 있어서도 철저한 현장조사를 바탕으로 관련분야 전문가들이 각기 집필함으로써 종가별 특징을 부각시키고자 노력하였습니다.

이러한 노력으로, 금년에는 청송 불훤재 신현 종가, 군위 경재 홍로 종가, 의성 회당 신원록 종가, 안동 유일재 김언기 종가, 고령 죽유 오운 종가, 봉화 계서 성이성 종가 등 6곳의 종가를 대상으로 시리즈 6권을 발간하게 되었습니다. 비록 시간과 예산상의 제약으로 말미암아 몇몇 종가에 한정하여 진행하고 있으나, 앞으로 도내 100개 종가를 목표로 연차 추진해 나갈 계획입니다. 종가관련 자료의 기록화를 통해 종가문화 보존 및 활용을 위한 기초자료를 제공함은 물론, 일반인들에게 우리 전통문화의 소중함과 우수성을 알리는 데 크게 도움이 될 것으로 확신합니다.

한국의 종가는 수백 년에 걸쳐 지역사회의 구심점이자 한국 전통문화의 상징으로서의 역할을 묵묵히 수행해 왔으며, 현대사회에 있어서도 유교적 가치와 문화에 대한 재조명에 주목하고 있는 상황입니다. 그 바탕에는 종가문화를 올곧이 지켜온 종문宗門의 숨은 저력이 있었음을 깊이 되새기고, 이러한 정신이 경북의 혼으로 승화되어 세계적인 정신문화로 발전해 나가길 진심으로 바라는 바입니다.

앞으로 경상북도에서는 종가문화에 대한 지속적인 조사 · 연구 추진과 더불어, 종가의 보존관리 및 활용방안을 모색하는 데 적극 노력해 나갈 것을 약속드립니다. 이를 통해 전통문화를 소중히 지켜 오신 종손 · 종부님들의 자긍심을 고취시키고, 나아가 종가문화를 한국의 대표적인 고품격 한류韓流 자원으로 정착시키기 위해 더욱 힘써 나갈 계획입니다.

끝으로 이 사업을 위해 애쓰신 정우락 경북대학교 영남문화연구원장님과 여러 연구원 여러분, 그리고 집필자 분들의 노고에 진심으로 감사드립니다. 아울러, 각별한 관심을 갖고 적극적으로 협조해 주신 종손 · 종부님께도 감사의 말씀을 드립니다.

2017년 8월 일
경상북도지사 김관용

　　조선중기의 관인으로서 한 가문을 이루며, 문학의 소재가 되어 그 명성을 전하는 경우는 드문 일이다. 이런 면에서 보면, 경상도 계서 성이성 가문은 그 특징을 분명히 가진 종가라 할 수 있다.

　　계서 성이성에 대해 『계서행장』에서는 "신도臣道에 세 가지가 있으니, 임금을 섬김에는 충직하고, 백성에게는 자애롭고, 벼슬에는 청백함이네. 공에게 능한 것은 진실로 이 세 가지이고, 공에게 능하지 못한 것은 명예와 지위를 취함" 이라 하였다.

　　부친 부용당 성안의는 임진왜란 당시에 조도사로서 의병장 곽재우가 전공을 세우는 데 기여하였고, 이런 부친의 애국적 삶을 이어받은 계서는 선정을 베푼 목민관으로, 대표적 청백리와 암행어사로 조선조 역사 속에 그 위상을 드러내고 있다. 그런데 경북 봉화의 계서종가는 다른 종가와 구분되는 특징이 있다. 종가를 찾는 관광객들은 봉화군의 영내에 들어서면 도로변에 표시된 '이도령(성이성)의 고향'이라는 문화재 안내판에 주목하게 된다. 전라도 남원이 아닌 경상도 봉화에서 접하는 「춘향전」의 이야기가 궁금증을 자아내기 때문이다.

이런 낯설고 충격적인 문화정보로 인해 봉화군 물야면에 위치한 계서종가를 방문하는 관광객은 매년 늘어나고 있다. 계서종가는 단순한 청백리 가문, 암행어사 가문 이상으로 우리 민족 최대 고전인 「춘향전」의 원류가 되는 곳이다. 계서종가는 백두대간의 중허리인 황지에서 발원한 낙동강의 장대한 흐름과 같이 전통 예술문화의 원류에 대한 지적 궁금증을 상당 부분 해소할 수 있는 현장이다.

이런 점을 고려하여, 이 책에서는 영남문화연구원의 종가 총서에서 공통적으로 제시하는 일반적인 정보 이외에, 계서종가의 명성과 영광을 더욱 확실하게 드러낼 부용당 성안의와 계서 성이성 부자에 얽힌 「춘향전」 관련 이야기를 더불어 논의하고자 한다.

세계적인 사랑문학의 대표라 할 수 있는 영국 작가 셰익스피어의 명작 「로미오와 줄리엣」이 대립하는 두 가문의 갈등을 자녀들의 죽음을 통해 해소하는 내용을 주요 소재로 다루었다면, 「춘향전」의 문학적 소재는 우리 현대 정치사의 난제로 지목되는 영

호남의 갈등을 풀어주는 것이며, 그 주제 또한 단순히 신분을 초월한 남녀 간의 사랑이야기라는 차원을 넘어서는 강력한 시대적 메시지를 담고 있다. 영남학의 종주라 할 퇴계를 계승한 한강寒岡 정구鄭逑의 제자인 부용당芙蓉堂 성안의成安義가 「춘향전」 속의 이 부사의 선정과 덕치담의 원천 소재가 되었고, 그 아들 계서 성이성은 책방도령에서 암행어사가 되는 이몽룡의 원천 소재가 되었다. 게다가 이들을 소재로 「춘향전」을 창작한 작가가 율곡에게 수학한 중봉 조헌趙憲의 제자인 산서山西 조경남趙慶男이라는 사실로 볼 때, 봉화의 계서종가가 우리 문학사나 문화사에 끼친 영향은 실로 크다 하겠다. 이 책을 통해 역사적 사실에 근거한 인문학적 지평을 넓힘으로써 우리 문학과 문화에 대한 자존감이 한층 더 고양되는 새로운 계기가 되기를 기대한다.

끝으로 이 책을 집필할 기회를 마련해준 경상북도 관계자와 경북대학교 정우락 교수, 그리고 책을 집필하는 데 자료를 수집하여 제공해준 경북대학교 영남문화연구원 종가연구팀에게 감사의 뜻을 전한다.

2017년 6월
설성경

차례

축간사 _ 3

지은이의 말 _ 7

제1장 계서종가의 형성과정과 유교문화 경관 _ 12

    1. 종가의 자연환경과 입지 조건 _ 14

    2. 봉화 입향의 내력 _ 20

    3. 유교문화 경관 _ 28

제2장 계서종가의 인물 _ 34

    1. 부용당 성안의 _ 36

    2. 계서 성이성 _ 56

    3. 종가의 후예들 _ 79

제3장 계서종가의 문헌과 유물 _ 88

    1. 종가의 문헌 _ 90

    2. 종가의 유물 _ 96

제4장 계서종가의 건축문화 _ 100

    1. 종택의 안채 _ 104

    2. 종택의 사랑채 _ 111

    3. 종택의 사당 _ 115

제5장 계서종가의 제례문화 _ 122

    1. 제례의 현황 _ 124

    2. 불천위 제사의 절차 _ 128

제6장 계서종가 사람들 _ 134

    1. 종손 · 종부 이야기 _ 136

    2. 차종손의 가풍 계승 노력 _ 143

제7장 청백리 암행어사 성이성과 「춘향전」 _ 148

제1장

계서종가의 형성과정과 유교문화 경관

1. 종가의 자연환경과 입지 조건

　　청백리 종가로 알려진 계서종가는 얼마 전까지만 해도 별로 주목받지 못했다. 하지만 요즈음에는 「춘향전」의 모델이 남원의 책방도령 출신 '계서 성이성' 이라는 사실이 알려지면서 종가를 찾는 관광객들이 부쩍 늘어나고 있다. 이는 춘향의 연인 이도령의 실제 모델인 성도령이 살던 집에 대한 궁금증과 대표적 청백리 집안이라는 유가적 정치윤리와 더불어 최고의 사랑문학의 주인공이라는 복합된 이미지의 참신성 때문이다. 이제 계서종가는 봉화의 여러 관광 명소 중에서도 그 위상이 점점 높아져 가고 있다.

　　계서당은 조선 중기의 문신인 계서 성이성(1595-1664) 선생이

살던 곳이다. 성이성은, 창녕 사람으로 남원 부사를 지낸 부용
당 성안의 선생의 아들이며, 인조 5년(1627) 문과에 급제했다.
진주목사 등 5개 고을의 수령을 지내고 4번이나 어사로 등용
되었으며, 근검과 청빈으로 이름이 높았던 인물이다. 훗날에
부제학으로 추서받고 청백리에 녹선되었다. 계서당은 광해군
5년(1613)에 성이성 선생이 건립하여 문중자제들의 훈학과 후
학배양에 힘쓰던 곳으로 정면 7칸, 측면 6칸의 ㅁ자형으로 되
어 있고, 팔작지붕의 사랑채와 중문칸으로 연이어져 있다. 특
히 이곳은 「춘향전 계통연구 논문」으로 박사학위를 받은 연세
대 설성경 교수가 최근 '이몽룡의 러브스토리'라는 주제로

「춘향전」속 이몽룡의 실제 인물이 '계서 성이성'이라는 연구
논문을 발표하면서 관심을 모으게 되었다. 실제 「춘향전」의
암행어사 출두 장면에 이몽룡이 읊었던 "금준미주는 천인혈이
요, 옥반가효는 만성고라"는 시는 성이성이 쓴 시로 4대 후손
성섭이 지은 『교와문고 3권』에 그대로 기록되어 있다. 이 외에
도 이몽룡과 흡사한 성이성 선생의 행적내용이 계서공파 문중
에서 보관하고 있는 『계서선생일고』, 『필원산어』 등의 문헌에
기록되어 있다.(출처: 봉화군청 문화관광 홈페이지)

계서종가의 종손 성기호(1941-)는 종가가 세거한 지역의 유래
에 대해 "본시 여기가 옛날에 순흥부였어요. 다리 건너기 전에
저쪽은 안동부고, 다리 이쪽은 순흥부라고 했어요. 순흥 부사가
이 앞을 지나갈 때면 화장실 앞에 나무가 있는데, 거기에 만들어
놓은 말고리에 타고 온 말을 걸어놓고 내려서 우리집에 들러서
문안을 하고 쉬어 갔어요."라고 하며, 이 마을에서 계서종가의
위상을 소개하였다.

순흥은 고려 충렬왕, 충숙왕, 충목왕 때에 각각 태胎를 안치
하였던 곳이다. 조선조 1413년(태종 13)에 순흥 도호부가 되었으
나, 1457년(세조 3)에 금성대군錦城大君에 얽힌 사건으로 인해 풍기
군에 소속시켰다. 이때 마아령 개울 동쪽 땅은 영천榮川에, 문수
산 개울 동쪽 땅은 봉화에 소속되었다가, 1683년(숙종 9)에 고을

사람들의 상소로 옛 고을을 회복했다. 『증보 동국여지승람』「지
리지地理志」에서는 순흥에 대하여 "이 지역은 와란臥丹에서 관식
산觀式山까지가 41리이다. 그 사이에 마을 열 곳이 있는데, 와란
면에 소속된 고을로 '물야勿也・미곡溦谷・창해昌海・양정陽亭・
유곡酉谷・은봉殷鳳・금봉金峯・각화覺華・도심道深・북지北枝'의
열 곳을 들고 있는데, 그 첫째가 물야이다. 고을이 다시 설치될
때 와란 한 마을만 환속되었고, 나머지 열 곳의 마을은 그대로 봉
화 땅이 되었다."라고 하였다.

　　계서종가의 종택은 경상북도 봉화읍 북쪽에 있는 봉화군 물
야면에 위치하고 있다. 이곳에 이르려면 봉화읍에서 915번 국도

를 타고 북쪽으로 향해야 한다. 길은 내성천의 본류와 세 번 좌우로 뒤바뀐다. 북지리의 아래쪽 끝 부분에서 도로는 물길을 넘어 서편으로 넘어갔다가 얼마 지나지 않아서 다시 동편으로 자리를 옮긴다. 그리고 가평리로 들어서면서 도로는 다시 물길을 넘어 서편으로 나아가고, 그런 위치를 유지하면서 물야면 소재지를 향하여 나아간다. 물야면 소재지를 넘어서면 물길과 도로는 또 자리를 바꾼다.

　이곳의 풍광과 지리를 『한국의 전통가옥』(문화재청, 2014)에서 다음과 같이 묘사하고 있다.

> 가평 쪽의 산록에서 흘러내린 물길은 저수지에 모였다가 만석산의 남쪽 산록과 응방산의 북동쪽 산록 사이에 펼쳐진 가평들을 적시며 내성천에 합류한다. 그 가평과 두문 사이에 봉화군 1번 국도가 위치하고 있다. 도로를 사이에 두고 만석산 쪽으로는 계서당이 위치하고, 응방산 쪽으로는 가평 마을의 본동으로 구만서당이 위치한다. 계서당 쪽에서 보면 앞쪽의 응방산 끝자락은 누에머리처럼 꿈틀거리며 두문 쪽에서 기어 내려와 가평들을 향하여 머리를 드리우고 있다. 계서당의 시선 방향은 누에머리의 끝점 쯤을 향한다. 계서당에서 서쪽 영역은 좁은 골짜기로 이루어진 산촌의 모습이고, 동쪽 영역은 너른 들로 이루어진 농촌 영역이다.

가평은 너른 들을 갖추고 있는 지역이다. 이곳은 적어도 3곳의 물길이 합류하는 지점이고, 적어도 3개의 큰 산들이 흘러내려 만나는 지점이다. 문수산은 가평의 동북쪽에 있다. 해발 1,200미터가 넘는 이 산자락의 한 끝은 가평 쪽으로 흘러내리고, 그 산록이 품어 기른 물길은 가평 앞으로 나와서 내성천의 본류와 합류한다. 만석산은 가평 북쪽에 위치한다. 이 산은 해발 492미터 정도이고, 가평과 물야면 소재지 사이에서 내성천 서쪽 영역을 양분하는 역할을 수행한다. 응방산은 가평의 남서쪽에 자리 잡고 있다. 해발 585미터의 이 산은 두문 쯤에서 수식 쪽과 가평 쪽으로 나뉜다. 계서종가는 태백산 줄기에서 뻗어 동남방으로 내려와서 부석사 뒷산 봉황산에서 내려와 만석산에서 5km 내려온 지점에 위치한다. 계서종가는 이러한 봉황산 줄기 끝부분에 위치한 자연지리적 환경을 기반으로 형성되었다.

2. 봉화 입향의 내력

　계서 성이성이 출생한 곳은 봉화읍에서 영주시로 이어지는
36번 국도를 따라가다가, 영주시 신암교를 건너 신암나들목 안내
표지판을 지나면 북쪽에 보이는 봉화군 동면 문단리 뱀바위 마을
의 중간 지점에 있는 산 중턱의 집이다. 뱀바위는 백두대간이 자
개봉(859m)에서 남행하여 대마산(373m)을 지나 봉화 양계단지를
지나 돌고개를 거쳐 내려뻗은 양류지 끝에 매달린 요성曜星이나
관성官星의 일종인 '창도槍刀'이다. 창은 끝이 뾰족하며 용맥이
내려뻗은 방향 그대로 이어진 직출直出한 형태이고, 창의 상징인
만큼 그에 따른 발응에 있어서도 영웅호걸의 기질이 있는 무인이
나 기예技藝를 갖춘 이가 태어나는 경우가 많게 된다. 여기서 특

히 이 바위가 뱀바위로 불리게 된 것은 기다란 창과 칼을 상징한 지형이 얼핏 뱀으로 보였기 때문이다.

종가인 계서당이 있는 마을 이름 '가평佳坪'은 '언덕에 가죽나무와 닥나무[檟]가 많이 서식하고 있다고 해서 가구可丘라고 불려오다가, 후에 그 음을 따서 '아름다운 언덕'이라는 의미를 지닌 가평 또는 가구佳邱들로 불리게 되었다.

경상북도 봉화군과 영주시에 뿌리를 둔 계서종가의 주인공 성이성은 1595년부터 1664년까지 생존한 조선 중기의 유학자요 충신이다. 창녕성씨는 고려조의 태위개부의동삼사太衛開府儀同三司인 문하시중 성송국成松國부터 드러나기 시작하여, 조선조에 들어서 벼슬에 오른 많은 인물을 배출시키며 대족을 이루었다. 선대의 대표적 인물로, 성한필成漢弼은 문하찬성사文下贊成事를 지냈고, 성군백成君百은 문하평리門下評理를 지냈으며, 성리成履는 문하시랑 우문관태학사門下侍郎右文館太學士를 지냈다. 또 성을신成乙臣은 문하시중門下侍中을 지냈고, 성사홍成士弘은 집현전태학사集賢殿太學士를 지냈고, 성만용成萬庸은 판도판서보문각태학사版圖判書寶文閣太學士를 지냈다. 그 뒤로도 여러 인물이 나와 벼슬이 끊이지 않았다.

또, 이들 선대 중에서, 참봉공參奉公파의 세보를 중심으로 그 직계 종손만을 살펴보면, 1세는 성인보成仁輔, 2세는 성송국成松國, 3세는 성한필成漢弼, 4세는 성군백成君百, 5세는 성리成履, 6세

계서종가의 뿌리를 전해주는 족보(사진 제공: 한국국학진흥원)

는 성을신成乙臣, 7세는 성사홍成士弘, 8세는 성만용成萬庸, 9세는 성경成踁, 10세는 성자보成自保, 11세는 성민손成敏孫, 12세는 성익동成翼仝, 13세는 성윤成胤, 14세는 성회成績, 15세는 성안의成安義, 16세는 성이성成以性으로 이어지면서 계서종가를 이루게 된다.

계서 성이성의 부친 부용당 성안의는 본디 경남 창녕의 성산리 즉, 현재의 경상남도 밀양시에서 태어나서 그곳에서 살았다. 성안의는 1591년(선조 24) 문과에 급제하였다. 그러나 이듬해 임진왜란이 일어났다. 성안의는 임진왜란 때에 화왕산성에서 곽재우, 정인홍 등과 함께 의병 활동을 하였다. 그의 의병활동은 「춘향전」의 원작가 산서山西 조경남趙慶男(1570-1641)의 『난중잡록』에 기록되어 있다. 1592년 7월 6일조에는 『경상순영록』을 근거로 "창녕의 정자正字 성안의 등이 군사 7백여 명을 모아 복병을 설치하고 적을 쳐서, 서로 계속 적의 귀를 베어 바쳤다. 그들은 천여 명의 군사를 거느리고 창녕을 포위하여 종일토록 교전했는데, 적한 놈이 백마를 타고 자칭 고을 원님이라 하므로 마침내 그 놈을 쏘아 당장 죽게 하였다. 그런 지 3일 후에 적은 울을 불태우고 도망갔다."라는 기록이 있다. "5월 이후에 창녕에서는 성천희成天禧, 성안의成安義, 성천유成天裕, 조열曹悅, 곽찬郭趲, 신의일辛義逸이 각기 군사 6백여 명을 모아서 매복을 시켜 적을 쳐서 연달아 괵馘을 바쳤다."라는 기록도 있다.

또, 함양의 사족士族인 고대孤臺 정경운鄭慶雲(1556-?)이 임진왜란이 발발한 1592년(선조 25) 4월부터 19년 동안 기록한 『고대일기孤臺日記』에 의하면 성안의는 임진왜란이 일어나자 고향인 창녕에서 의병을 모집, 충의위 성천희·유학 곽찬 등과 함께 거병하여 1000여 명을 거느리고 곽재우郭再祐의 휘하에서 활약하였다.

학봉鶴峰 김성일金誠一(1538-1593)은 임란 중에 초유사로 있으면서 성안의를 소모관召募官으로 삼았음이 한강 정구鄭逑의 「학봉 김성일 행장」에 다음과 같이 기록되어 있다.

이때 영남은 한가운데가 나누어져서 강 왼쪽과는 혈맥이 통하지 않아 군읍이 텅 빈 탓에 적들이 거리낄 것이 없었으므로, 각자 감사나 수령이라고 칭하면서 노략질을 자행하였다. 공은 탄식하기를, "좌도의 내지 지역은 어찌할 수 없지만, 강 건너 편 세 고을을 어찌 버릴 수 있겠는가." 하고, 영산은 신방주辛邦柱를 가장假將으로, 봉사奉事 신갑辛伸을 별장으로, 생원 신방집辛邦楫을 소모관召募官으로 삼고, 창녕은 성천희成天禧를 가장으로, 조열曺悅을 별장으로, 정자正字 성안의成安義를 소모관으로 삼았다. (중략) 또 소모관으로 하여금 왜적에게 함락당한 고을에 두루 유시하게 하되 각 고을에 따라 격문의 호칭을 달리하였다. 이에 왜적에게 빌붙었던 아전과 백성들이 서로 뉘우치고 두려워하여 앞다투어 모집에 응하였다. 그리고 각 고을에 선악적善惡籍을 비치하여 왜적을 토벌한 자는 선적에 적고, 왜적에게 빌붙은 자는 악적에 적게 함으로써 권장하고 징계하는 뜻을 드러내 보이게 하였다. 그러자 왜적에게 빌붙었던 백성들이 앞다투어 왜적의 수급을 가지고 와서 앞서 지은 죄를 씻어 주기를 청하였다.

부용당 성안의는 의병장 곽재우郭再祐와 김륵金玏(1540-1616) 막하에서 함께 활동을 하고 있을 때 부인 장수황씨가 병으로 세상을 떠나는 슬픔을 맞게 되었다. 상처한 그를 지켜본 김륵은 성안의를 자신의 종손녀와 재혼하게 하였으므로, 그는 한강寒岡 정구鄭逑의 문인 백암栢巖 김륵의 손서孫壻가 되었다. 이를 계기로 성안의는 가족을 창녕에서, 김륵의 향리이며 처가가 있었던 영주시 이산면 신암리로 임시 피난시켰다.

부용당 성안의는 이렇게 하여, 창녕에서 처가가 있던 영주로 옮겨와서 살게 되었다. 그 후 1613년(광해군 5)에는 봉화군 물야면勿也面 가평리佳坪里 가두들에 이주하여 새로운 자리를 잡음으로써, 계서 성이성을 주역으로 하는 계서종가의 역사가 시작되었다.

그런데 역사적으로 살펴보면, 봉화에서 제일 먼저 종가를 형성한 사람은 충재沖齋 권벌權橃(1478-1548)인데, 그는 안동시 북후면 도촌리 도계마을에서 태어났다. 그는 정치적으로 어려운 시대와 환경 속에서도 자신의 신념과 실천을 통하여 현실에 안주하거나 타협하지 않고 시대와 맞선 영남 양반 가문의 상징적 인물이었다.

충재 권벌은 열 살 때 숙부인 권사수權士秀를 따라 봉화로 이주하였다. 그의 숙부는 이곳에서 충재를 학문의 길로 이끌었다. 그는 1496년(연산군 2)에 진사시에 2등으로 합격해 진사가 되는 뛰어난 재주를 보여주었다. 27세 때인 1504년(연산군 10)에 문과에 급제했으나, 환관 김처선金處善이 직언을 하다 죽임을 당한 후 '처處'자를 못 쓰게 한 규정을 어기고 과거시험 답안지에 '처處'자를 사용해 곧바로 급제가 취소되었다. 그 후 1507년(중종 2)에 별시 문과에 급제하였다. 승문원의 권지부정자權知副正字를 시작으로 예문관 검열로서 무오사화의 일을 다시 거론하여 김종직金

宗直의 신원을 청하기도 하였다.

그는 주로 언관言官과 낭관郎官의 요직을 두루 거쳤다. 이후 1520년 43세 때 다시 안동부安東府 내성면乃城縣 유곡酉谷에 은거하기도 하였다.

봉화에 먼저 정착한 충재 가문과 계서 가문의 인연은 혼맥을 통하여 이루어졌다. 두 가문에 얽힌 혼맥의 첫 번째 인연은 부용당의 다섯째 딸이 권도權鍍에게 시집을 가면서 시작되었다. 권도는 1618년(광해군 10)에 부제학을 지낸 권장權檣의 현손이며, 사온서별제 권상중權尙中의 아들이요, 권지의 동생으로 예천군 용문면 하학리 텃골에서 출생하였다.

두 번째의 인연은 충재 권벌 선생의 후손인 석계石溪 권석충權碩忠(1606-1634)의 세 딸 중의 한 딸이 성이성의 첫째 아들 성갑하成甲夏에게 시집을 오는 것으로 이어졌다. 부용당은 1591년에 처음으로 벼슬길에 오른 후, 임진왜란 때는 의병장 곽재우에게 종군하여 정인홍 등과 화왕산성에서 의병 활동을 하였고, 아내를 잃게 되자 퇴계의 아들과 사돈인 경상우도관찰사 백암 김륵이 형의 손녀를 시집보내 백암공의 종손서가 되었고, 임진왜란 때 성안의는 가족들을 창녕에서 처가가 있는 영주군 이산면으로 피신시키면서 자연히 창녕에서 영주로 오게 되었다.

세 번째의 인연은 성이성의 둘째 아들 성석하成錫夏의 딸이 충재의 5대손인 하당荷塘 권두인權斗寅(1643-1719)에게 시집을 가는 것으로 이루어졌다.

이렇게 충재종가와 계서종가는 혼인으로 겹사돈의 관계를 형성하면서 봉화의 대표 양대 종가를 구축하게 되었다.

3. 유교문화 경관

1) 회로대會老臺

봉화의 명승지인 가구마을의 동쪽에 흐르는 냇가에 회로대會老臺가 있다. 이곳은 물가에 서너 길 높이의 바위가 아래위로 마주 서 있고, 두 바위 사이로 절벽이 이루어져 있다. 물가가 모두 돌로 되어 있는데, 아래에 맑은 못이 있으며, 시야가 시원하게 트여 있다. 문수산과 백병산을 마주 대하고 넓은 평야를 내려다보고 있다.

부용당 성안의가 가구마을에 은거하고 있을 때, 늘 이 대臺 위에서 소요逍遙하면서 낚시를 즐겨하였기에 그 후손이 터를 닦

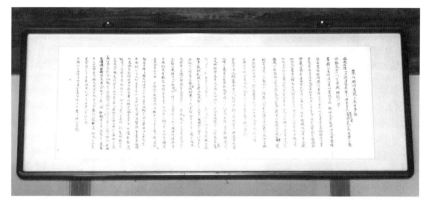

오천서원기梧川書院記

고 대臺를 조성하였다. 창설蒼雪 권두경權斗經이 쓴 회로대의 기記에 의하면 옛날엔 이 대의 이름이 없었으나, 인근의 노인들이 이곳에서 모임을 베풀었다고 하여 '회로대'라고 이름 붙였다고 한다.

　　계서 성이성이 세상을 떠난 후 상당한 시간이 지난 1768년(정조 10)에는 단산면 와산리에 지방유림들의 발의로 성이성成以性의 학문과 덕행을 추모하기 위해 그를 주향하는 오천서원梧川書院이 건립되었고 이곳에 위패를 모셨다. 선현배향과 지방교육의 일익을 담당하여 오던 중, 1868년(고종 5)에 흥선대원군의 서원철폐령으로 훼철되어 복원하지 못하였다고 전한다.

2) 계서정溪西亭

영주시 이산면 신암리에 위치한 계서정溪西亭은 청백리 계
서 성이성이 벼슬을 하지 않았을 때나 만년에 학문을 하던 공간
이다.

이곳은 계서 성이성이 출생한 봉화군 문단리와 이웃한 곳이
다. 인가도 보이지 않는 산자락 밑 조용한 골짜기에 건물 한 채가
자리잡고 있다. 번잡함을 싫어했던 선비의 고고한 기운을 느낄
수 있는 곳이다.

현재의 건물은 원래의 규모는 방 1칸, 마루가 있는 아담한

영주시 이산면 신암리 소재 계서정의 안내판

초당이었는데, 정조 때 지붕을 기와로 바꿨고, 세월이 지나 많이 퇴락하였기에 영주시가 2015년에 시비를 들여 보수하고, 중수를 한 것이다.

최근에는 영주시에 있는 계서정과 성이성의 묘를 잇는 둘레길이 조성되고 있다. 이 둘레길은 필자의 「춘향전春香傳」 연구성과를 기반으로 한 최초의 인문학 둘레길이다. 둘레길 중간 지점에 삼봉三峰 정도전鄭道傳의 부친 정운경鄭云敬(1305-1366)의 묘가 있다. 애민사상을 강조했던 선비 정도전과 청백리 성이성 사이에 또 하나의 연결고리가 생긴 셈이다.

이 정자는 외관으로는 다른 집 정자에 비해 특별한 것이 없지만, 인지도는 상당히 높다. 그 이유는 효종대왕이 세자로 있을 때, 이곳에 와서 글을 읽는 소리를 듣고 물을 마시곤 했다는데, 성품이 강직한 성이성을 그리워한 왕이 초옥 뒷산의 오솔길을 따라 몰래 찾아와서 이곳에서 하룻밤 머물렀다고 한다. 특히 임금이 왔던 뒷산을 지금도 왕산王山이라 부르고, 임금이 하룻밤 묵어 갔다고 하여 계서정을 '어와정御臥亭'이라 부르기도 한다.

당시에는 집안 형편이 어려워 방 하나, 마루 하나뿐이고, 더구나 통마루를 할 형편도 되지 않아서 초당이었다. 그때 집에 방을 하나 더해서 중축한 것이 '계서정溪西亭'이다. 후에 150년 정도 지난 다음에, 채제공이 '계서정溪西亭'이라는 현판을 달았다고 전한다.

성이성이 말년에 기거했던 계서정의 현판

제2장 계서종가의 인물

1. 부용당 성안의

　　부용당芙蓉堂 성안의成安義(1561-1629)의 본관은 창녕이다. 그의 선대는, 고려 때 성송국成松國이 태위가 되어 개부의동삼사開府儀同三司에 이르렀고, 조선조에 들어와서는 성만용成萬庸이 판도판서, 보문각 태학사를 지냈는데, 그 7대손이 부용당이다. 그의 증조부는 성익동成翼仝, 조부는 성윤成胤이다. 그는 참봉을 지낸 부친 성회成繪와 호조참의를 지낸 노사영盧士英의 딸 사이에 경남 창녕현 성산리에서 태어났다.

　　성안의는 6세(1566)에 외삼촌 만취晩翠 노공盧公에게 학문을 익혔다. 당시 그는 어린 나이임에도 불구하고 『당시唐詩』를 외우며 작문할 줄 알았으며, 『사략』을 읽고 나서 외삼촌에게 조두俎豆

에 대해 질문하였다. 이처럼 성안의는 어린 나이에 이미 학문적 재능이 특출하였다. 이뿐만 아니라 그가 임기응변에도 능했음을 7세(1567) 때의 일화에서 엿볼 수 있다. 부친께서 출타 중에 어머니 노씨 부인에게서 막내 성안리成安理가 태어나자, 그는 마당에 비친 달빛 그림자를 측량해 막내 동생이 태어난 시각을 파악했다고 한다. 그리고 8세(1568) 때에는 한강寒岡 정구鄭逑(1543-1620)를 처음 뵙게 되었는데, 한강은 그의 재주가 빼어남을 보고 매우 칭찬하였다. 13세(1573)에는 용흥사에서 독서하였다. 성안의는 당시 그의 집안 형편이 넉넉하지 못했기에 그의 재주를 아끼는 주위 분들의 도움으로 학문에 전념할 수 있었다.

그가 본격적인 학문의 길에 들어선 것은 15세(1575) 무렵이다. 성안의는 한강의 문하에 나아가 성리학 공부에 전념하여 먹고 자는 것도 잊을 정도였다. 그는 성리학뿐만 아니라 잡학도 골고루 익혔는데, 이웃의 양반집 처녀가 그를 사모하여 침을 놓아달라는 핑계를 대고 찾아오자, 그는 그 사실을 알아채고 잡학에서 일체 손을 뗐다. 성안의는 17세(1577)에 장수황씨 부인에게 장가를 들었다. 이후, 한강이 성안의가 22세(1582)되던 해에 창녕 고을 원으로 부임해 오면서 사제간 인연은 더욱 깊어졌다. 한강이 창녕 고을의 북쪽 연화봉 아래 부용서재芙容書齊를 창건하여 고을의 젊은이들을 가르치자, 성안의도 여기에 참여하여 열심히 학문을 익혔다. 이 무렵 한강은 성안의가 매우 총명함을 보고는 장래 큰 인물이 될 것을 예견하였다.

　이듬해 한강이 임지를 옮기게 되자, 한강은 성안의로 하여금 부용서재의 학생들을 도맡아 가르치도록 위임하였다. 이에 성안 의는 그 일을 성실하게 수행하여 원근의 선비들이 많이 찾아와 학문을 익히고 도의를 연마하였다. 당시 함안군수咸安郡守로 재직 하던 한강은 그의 이런 열성을 기뻐하며, 그가 26세(1586) 되던 해 에 부용당주인芙蓉堂主人이라는 칭호를 내려주었다. 채제공蔡濟恭 (1720-1799)의 『번암집樊巖集』「부용재기芙蓉齋記」의 기록에 의하 면, 원래 부용당은 창녕군 성산면 냉천리에 있던 당이었다. 처음 에 한강 정구가 창녕 현감으로 재직할 때, 부용재芙蓉齋를 짓고 후에 그의 문인 부용당 성안의에게 부용주인芙蓉主人이라는 호와 함께 물려주었기 때문에 사제 간의 사랑을 담고 있는 집임을 보 여준다.

　부용당 성안의는 한강을 비롯하여, 당시의 영남 인사들과도 다양한 교류를 하였다. 28세(1588) 되던 해에 합천군수로 있던 월 천月川 조목趙穆을 찾아뵈었다. 그는 한강 정구의 문하에서 학문 을 배우며 크게 인정받았고, 임란이 일어나기 1년 전인 1591년(선 조 24)에 식년문과 동당시東堂試에 2등으로 합격하였다. 이어 이듬 해인 1592년에 벼슬길에 나아가 3월에 권지교서관부정자權知校書 館副正字가 되었다. 그러나 그는 그해 4월에 국가적 위기인 임진왜 란이 일어나자 맏형과 막내아우에게 양친을 영주로 피신시키게 하고는 다시 고향 창녕으로 돌아와 의병을 일으켰다.

그는 창녕에서 충의위 성천희成天禧, 유학 곽찬郭趲 등과 함께 의병을 일으켰으며, 그해 6월에는 창녕소모관昌寧召募官이 되어 도내 여러 고을에 격문을 돌리며 의병 모집에 만전을 기했다. 그는 7월에는 약 1,000여 명을 거느리고 의병장 곽재우郭再祐의 진영에 들어가 조도사로서 의병들의 군무에 협력하였다.

그런 와중에 부용당이 33세(1593) 되던 해 2월에 부인 황씨가 세상을 떠났고, 그는 겨우 시간을 허락받아 3월에 영주에 피난 중인 양친을 찾아뵈었다. 그의 우국충정은 여기서 끝나지 않았다. 부용당이 부인을 잃은 슬픔을 잊은 채, 그해 7월에 관찰사 백암栢巖 김륵金玏(1540-1616)의 진영을 찾아가 사태를 논하고 대책을 말하자, 김륵은 그의 인물됨이 출중함을 알고 매우 기뻐하였다.

백암 김륵은 퇴계 이황의 문인으로 수학하였으며, 1564년(명종 19) 사마시司馬試에 합격한 후에는 영주지역 사림의 중심인물이 되었다. 그는 승정원 가주서와 예문관검열을 지낸 뒤 성균관 전적·예조좌랑·사간원 정언·병조 좌랑·사헌부 지평·홍문관 수찬·이조 좌랑을 지내다가, 임진왜란 때인 1595년(선조 28)에는 부체찰사副體察使로 거창·진주·창녕 등지를 순시하며 군졸들을 위무하고 전황을 살폈다. 또한 백암 김륵은 당시 아내와 사별한 부용당의 처지를 딱하게 여겨 친형의 손녀와 인연을 맺어주었다. 이로써 부용당은 34세(1594) 때에 선성김씨를 두 번째 부인으로 맞아들였다.

부용당은 그해 6월에 종사랑부정자從仕郎副正字를 거쳐 봉상
사참봉奉常寺參奉이 되어 조정에 들어갔다. 이어 그해 8월에는 통
사랑저작通仕郎著作이 되었다. 10월에는 사직하고 낙향하는 월천
을 전송하였으며, 서애西厓 류성룡柳成龍을 찾아뵈었다. 11월에는
시공랑박사試功郎博士가 되어 영천의 양친을 배알하였다. 그의 벼
슬은 계속 이어져 8월에는 승정원교검承政院校檢을 거쳐, 사간원
정언司諫院正言이 되었다. 9월에 예조좌랑禮曹佐郎을 거쳐 10월에
는 선교랑宣敎郎으로 올랐다가 평안도사平安都事로 임명되었다.
그 당시 난리 가운데 도내의 전반적 업무가 혼란스러웠으나, 그
는 성심을 다해 판별하고 척결하여 많은 업적을 남겼다.

그는 36세(1596)에 다시 조정으로 돌아와 형조좌랑刑曹佐郎 직
책을 수행하였는데, 11월에 성균관직강成均館直講 및 통덕랑通德
郎을 거쳐 11월에는 영남조도종사관嶺南調度從事官으로 명나라 군
대의 식량 확보 업무를 맡게 되었다. 이와 함께 그는 37세(1597) 7
월에 창녕 화왕산성火旺山城으로 들어가 곽재우 등과 함께 합력
하여 왜적을 무찔렀다. 8월에 사헌부지평司憲府持平이 되었다가
사간원헌납司諫院獻納에 임명되었다. 이어 11월에는 순찰사종사
관巡察使從事官이 되어 경주에서 활약하고 있던 서애 류성룡을 배
알하였다.

38세(1598)에는 서애 류성룡이 영남에 개부開府하였는데, 자

주 세상을 구제할 재능이 있다고 그를 칭찬하였다. 이어 근친覲親
하기 위해 휴가를 받았는데, 총독사摠督使 윤승훈尹承勳이 평소 그
에게 유감을 가지고 있다가, 이때에 이르러 관직을 비우고 직차
職次를 이탈했다고 무고하여 드디어 처벌을 받게 되었다. 일이 장
차 어떻게 될지 예측할 수 없었는데, 서애 류성룡의 신원 상소에
힘입어 체직 조치되었다.

　　그해 8월에는 성균관사예成均館司藝를 임명받았으며, 이듬해
인 1599년 가을에 조정에서 정신廷臣 중에 위망威望이 있고 간국
幹局이 있다고 일컬어지는 자를 차출하여 군량미를 공급하고 황
정荒政을 검속檢束하게 하였는데, 그는 병조의 낭청으로서 경상도
천병조도사天兵調度使로서의 임무를 받아 안동 인근 지역을 거쳐
울산, 부산까지 오가며 후방의 전세를 보고하는 한편, 조정에 전

란 중에 허덕이는 백성들로부터 군량미를 조달하기에는 많은 어려움이 따른다는 점을 헤아려 달라는 장계를 올리기도 했다. 이런 장계에 그의 '애국연민' 의 정서가 고스란히 담겨있다. 그러면서도 그는 다방면으로 주선하여 군량미 확보에 주력하였다. 이렇게 부용당이 일신의 안전을 돌보지 않고 몇 년 동안 활약한 덕분에 영남 일대는 후방 민심의 안정을 가져 왔으며, 군량미 확보 측면에서도 상당한 기여를 했다.

그가 40세가 되던 1600년 가을에 일을 마치고 조정에 돌아오니 성적聲績이 혁혁하였다. 시의時議가 장차 화요직華要職을 맡기려 하였는데, 그는 어버이가 늙었다는 이유로 걸군乞郡하여 외직으로 나가 영해부사寧海府使가 되었다. 지친 백성들을 위무하고 학교를 널리 권장하여 정사를 한 지 4년 만에 온 경내가 치적을 칭송하였다.

44세 때인 1604년 가을에 부친의 병 때문에 창녕에 돌아갔지만, 8월에는 부친상을 당했다. 이어 12월에는 모친마저 세상을 떠나 연이어 부모의 상을 당하는 슬픔을 맞이했다. 그는 장사를 지낸 뒤에 분암墳庵을 지어 영모永慕라는 현판을 달아 놓고 슬퍼하였고, 돌보며 그리워하는 곳으로 삼았다. 거상居喪하는 여가에 고을 사람들의 자제를 가르쳐서 성취시킨 자가 많았다고 한다.

그는 상을 마친 47세 때인 1607년에는 남원부사에 임명되었다. 그곳은 규모가 크고 일이 많아 평소 다스리기 어려운 고을로 일컬어졌다. 그는 폐단을 혁파하고 쇠잔한 백성을 소생시키며 결재를 지체시킴이 없었고, 퇴청退廳한 뒤에는 번번이 고을의 현자를 초대하여 강론하고 술 마시고 시를 지으며 즐기니, 암행어사가 공장功狀을 올릴 때 뛰어난 치적이 있다고 칭찬하였다. 상이 총애하여 관작을 높여 주려 하였으나, 그때 방해하는 자가 있어 그 일이 마침내 취소되었다.

51세 때인 1611년 봄에는 어사의 포계褒啓 규정에 따라서 전라도 광주목사光州牧使에 임명되었다. 그런데 부임한 지 겨우 1년만인 1612년에 해당 관리의 비위를 거슬러 파직되었다. 그의 뒤를 이어 남원부사가 된 유몽인이 당시 재상인 북인 소속의 이이

남원 광한루원 안에 있는 부용당 성안의 선정비

첨의 뜻에 따라 그의 허물을 캐내려 하였지만 찾지 못하였고, 이에 소송 처리를 소홀히 하였다는 이유로 파직되었다고 전한다. 파직되고서는 상주에 복거ト居하려고 했으나 뜻대로 되지 않았다. 1612년(광해 5)에 처가가 있는 영주로 돌아와 지내다가 거처를 봉화로 옮긴 다음, 계서당을 짓고 한가히 살았다. 이때 그는 점잖고 덕이 있는 선비들과 교유하고, 또 유인幽人, 일사逸士와 더불어 즐거이 임천林泉에 모여 배회하며 유유자적하게 지냈다.

당시에 광해군의 정치가 어지럽고 세도世道가 크게 무너졌는데, 그는 흔들리지도 않고 꺾이지도 않아 고을과 조정으로부터 칭송받았고, 도道를 높이고 덕을 숭상하는 일에는 반드시 솔선하여 사림의 수창자首倡者가 되었다. 부용당은 당시 광해군의 혼란한 정국 아래 은둔의 의지를 굳히고 가족을 이끌고 영주 북쪽 산장으로 들어가 칩거하면서 인근의 후학들을 모아 훈육하며 소요자적逍遙自適하였다. 이어 45세 때인 1605년에는 이산서원伊山書院을 임고林皐로 이건移建하였다.

그가 63세 때인 1623년에 인조반정이 일어나 노성老成하고 현달한 사람을 불러들였는데, 그는 5월에는 성균관成均館 사성司成이 되어 조정에 들어갔으며, 이어 7월에는 상의원尙衣院 봉상시정奉常寺正에 제수되었다.

다음해인 64세 때인 1624년에 이괄李适의 난이 일어나자, 인조가 충청도 공주로 피해갔을 때, 그는 아들 계서 성이성과 함께 군왕을 호종하였다. 그는 난리가 진압된 후에 조정으로 돌아와 호종扈從의 공을 인정받아 통정通政에 증직되었다. 이어 4월에는 제주목사에 임명되었고, 그때 조정의 의론이 그가 늙은 것을 걱정하여 가지 않기를 바랐으나, 그는 말하기를 "신하의 의리는 어려움을 사양하지 않는 것이다." 라 하고 즉시 떠나 임지로 가서 6월에 민기閔機의 후임으로 부임하였다. 그는 그곳의 완고한 풍속을 교정하고 학문을 일으키고자 힘썼으며, 어질고 관대한 정사를 펼쳐 백성과 아전들이 사모하는 바가 되었다.

그는 1628년(인조 6)에 서용되어 서함西衙에 부직付職되었고, 곧이어 승정원 우부승지에 임명되었지만 병을 핑계로 사양하고 부름에 나아가지 않았다. 이듬해 67세 때인 1629년에 사직하고 영주로 돌아왔다. 68세 때인 1628년에는 승정원承政院 우부승지右副承旨 겸 경연經筵 참찬관參贊官·춘추관春秋館 수찬관修撰官으로 부름을 받았으나 사양하고 응하지 않았다. 이듬해인 1629년 2월 모갑某甲에 집에서 세상을 떠나니, 향년 69세였다.

조정에서는 그의 행적을 기려서 사후에 가선대부嘉善大夫·이조참판吏曹參判·춘추관春秋館·의금부義禁府·성균관사成均館事·세자世子 좌빈객左賓客으로 증직하였으며, 아들 성이성이 영국원종공寧國原從功이 됨을 계기로 다시 자헌대부資憲大夫·이조판서吏曹判書 겸 지경연知經筵·의금부義禁府·춘추관春秋館·성균관사成均館事·홍문관弘文館 대제학大提學·예문관藝文館 대제학大

부용당 성안의의 사당

提學·세자世子 좌빈객左賓客·오위도총부五衛都摠府 도총관都摠管
으로 증직되었다.

　　그의 위패는 1695년(숙종 21)에 그의 행적을 추모하는 창녕 사
람들에 의해 그가 평소 후학들을 강론하던 부용당 곁에 세워진
연암서원燕巖書院에 금헌琴軒 이장곤李長坤과 함께 배향되었으며,
후일 창녕의 물계서원勿溪書院에도 배향되었다.

　　부용당 성안의는 퇴계의 수제자 반열에 있던 한강에게 직접
학문을 전수 받았으며, 임란의 현장에서 서애의 지휘를 받고 학

봉, 월천, 우복, 창석 등과도 교분을 가졌다.

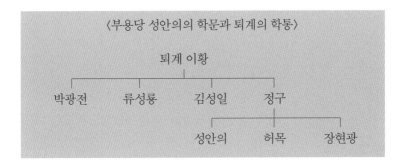

이런 정통적 유학자들이 지향하는 학문적 환경 속에서, 부용
당은 '출사出仕와 퇴거退去'의 두 길에서 균형과 조화를 이루면
서, 벼슬길에서 물러나 있을 때에는 문학풍류의 길로, 벼슬길에
나아갔을 때에는 충의의식과 애민의식으로 국가와 백성을 위한
길을 걸음으로써 개인적인 즐거움과 공인으로서의 의미 있는 유
가 선비의 올곧은 삶을 구현하였다.

이러한 두 길의 조화로움은 큰아들 성이침에게는 퇴거退去
때의 문학풍류로, 셋째 아들인 성이성에게는 출사出仕 때의 충의
의식과 애민의식으로 꽃을 피웠다.

부용당 성안의의 문집인 『부용당선생일고芙蓉堂先生逸稿』를
통해 그의 문학풍류적 취향의 한 면을 살펴볼 수 있다. 이원걸의
「부용당선생일고 해제」에 따르면, 『부용당선생일고』에는 임란

중의 활약에서의 애국적 의기와 일편단심의 충직한 신료 형상과
더불어, 왜구들이 국토를 유린하는 것에 대해 비분강개한 심정을
토로한 시가 남아 있다. 그 반면에 산수 유흥적인 시는 한 수도
발견되지 않는다. 그리고 그는 스승 한강의 죽음을 애도하는 제
문에서, 생전에 자신을 알뜰하게 훈육했던 것에 대한 고마움을
표현하고 있다. 특히, 그가 강학 활동을 전개했던 부용당 주변에
서원을 세워 그의 강학 정신과 국가와 민족을 위한 충정을 기리
고자 하였다.

그 외 그의 유학자로서의 풍모는 정온鄭蘊(1569-1641)의 『동계
집桐溪集』속집에 실려 있는 이원조李源祚의 「송죽서원기松竹書院
記」의 다음과 같은 글을 통해 볼 수 있다.

> 동계 정선생이 적거謫居할 때의 유허지가 대정大靜의 동성東城
> 에 있으니, 내가 이미 비석을 세워 그곳을 표시하였다. 대정현
> 의 여러 선비들이 또 사당을 세워 제사를 지내는데, 내가 손수
> '송죽서원松竹書院' 네 자의 대자大字를 써서 걸었으니, 선생
> 이 부쳐 보내준 시 『동계집』제1권에 「증별 제주목사 성안의贈
> 別濟州牧使成安義」의 말을 취한 것이다. 아, 선생의 절의는 천
> 하 만세가 공유할 것이고, 한 섬이 감히 사사로이 할 바가 아니
> 다. 그러니 지금 한 조각 비석과 몇 칸의 집으로 선생의 유허지
> 를 표시하고, 또 구구한 송죽松竹으로써 서원의 호를 삼아 아

름다움을 견주는 것이 너무 부족하지 않겠는가. 비록 그렇더라도 선생이 귀양지에 계실 때에 이미 손수 심었고, 조정으로 돌아간 뒤에 또 시를 지어 알려왔으니, 그 송죽에서 느낀 바가 깊으셨던 것이다. 물건이란 때가 지나면 바뀌고 또한 땅에 따라 성질을 바꾸는 것이건만, 오직 이 소나무와 대나무만은 남쪽 산이건 북쪽 바다건 간에 똑같이 시들지 않고, 이슬이 적시든지 서리가 시들게 하든지 간에 똑같이 우뚝 서 있는 것이다. 지금 저 선생의 절개는 오직 의리만을 좇아 죽으려 한 것이니, 문석文石과 청포靑蒲에 처해도 오직 이러한 의리였고, 도산刀山과 검수劍樹로써 곤궁하게 해도 오직 이러한 의리였고, 포위된 산성에서의 칼날과 모리에서의 숭정력崇禎曆 또한 이러한 의리일 뿐이었다. 서원의 제생諸生들이 만약 선생이 사랑하던 물건을 사랑하여 이를 배양하고 보호하면서 서로 세한歲寒의 지절을 기약한다면, 아마 선생의 의리를 높이고 선생의 서원을 지키는 일이 또한 거의 이루어지지 않겠는가. 제생들이 나에게 기문을 청했으나 돌아갈 길이 바쁘고 급하여 다른 말은 할 겨를이 없기에 다만 서원을 명명한 까닭을 서술하여 돌려보내고, 서원을 건립한 전말에 대해서는 제생들로 하여금 스스로 기록하게 한다. 1624년(인조 2)에 제주 목사로 떠나는 성안의成安義에게 준 시를 말한다.(『동계집』「증별제주목사성안의贈別濟州牧使成安義」)

1611년 당시 광해군이 임진왜란 후 행궁行宮인 경운궁慶運宮에 있다가 10월에 정식 궁전인 창덕궁昌德宮이 완성되어 임금의 거처를 옮겼는데, 광해군이 요언妖言에 혹하여 경운궁으로 다시 돌아가려고 하자 삼사三司에서 모두 만류하였으나 듣지 않았다.

그러자 정온은 광해군이 행차하는 날, 길을 가로막고 극언極言하다 광해군의 노여움을 사서 함경도 경성판관鏡城判官으로 좌천左遷되었다. 그는 좌천되어 임지로 부임하는 길에 포천 양문역에서 칠언절구의 「유양문역우음留梁文驛偶吟」을 지었다.

황량한 시골 객사에는 앉을 방석도 없는데	荒涼村舍坐無氈
낮은 고요하고 몸은 피곤해 낮잠만 잔다오.	晝靜身疲謾自眠
왕의 부름을 기대하느라 지체함이 아니니	濡滯不因王庶改
멀리 석양을 바라보며 좋은 기약 기다리네.	佳期遙待夕陽天

정온의 『동계집桐溪集』에는 1624년(인조 2)에 제주 목사로 떠나는 부용당 성안의에게 준 한시 「제주목사濟州牧使 성안의成安義에게 이별시를 주다」가 전해온다.

대정성 동문에 허름한 집 한 채	大靜東門有弊廬
십 년 동안이나 쫓겨난 신하가 살았네.	十年曾是逐臣居
네 그루의 푸른 솔은 한 자가 되었겠고	青松四箇應盈尺

쭉쭉 뻗은 대나무도 집을 덮었으렷다.　　　脩竹千竿想蔽除
세상일의 부침이란 모두가 꿈인 게야　　　世事浮沈俱是夢
인간의 영욕도 본래는 허무한 것이고.　　　人間榮辱本來虛
영주의 한 곡이 특수한 지역에 머물렀으니　瀛洲一曲留殊域
창기더러 권주가나 한번 부르게 하렴아.　　試命歌兒唱酒餘

　　부용당 성안의의 큰아들과 친척이 되는 부사浮查 성여신成汝
信의 『부사집浮查集』 잡저 「계서록鷄黍錄」에는 1602년(선조 35) 2월
에 희인希仁 이종영李宗榮, 선수善守 이대약李大約, 휘원輝遠 정온鄭
蘊 등과 계서의 모임을 약속하여 3월과 9월 두 달의 15일에 모이
기로 한 풍류모임의 결성을 보여준다. 여기에는 경주의 유적지
를 대상으로 지은 「동도유적東都遺跡」과 평양의 유적지를 대상으
로 한 「서도유적西都遺跡」, 그리고 퇴계의 「무이구곡가武夷九曲歌」
를 모방하여 자신이 살고 있는 금천琴川을 대상으로 한 「구곡시
九曲詩」도 있다. 서발문으로는 학동을 가르치는 지은사知恩舍의
「게호서揭號序」와 「명당실기名堂室記」, 「양직당기養直堂記」, 「취향
당기翠香堂記」, 「양화당기釀和堂記」와 임진왜란 때 김시민金時敏의
진주성 방어에 대한 것으로 병사 남이흥南以興의 요청에 따라
1619년에 지은 「진양전역기晉陽全城記」가 있으며, 박민朴敏의 누
정에 대한 「서루기書樓記」, 「연주시발聯珠詩跋」 등이 유명하다.
「성성재잠惺惺齋箴」은 재주는 있으나 나태한 아들 성황成鎤에게

준 글이다.

또한 「동방제현찬東方諸賢贊」은 모두 20명에 대한 찬으로 최치원崔致遠을 제외한 정몽주鄭夢周, 길재吉再, 서견徐甄, 이양중李養中, 김주金澍, 오천석元天錫의 6명은 고려말과 조선초의 인물이고, 김종직金宗直, 김굉필金宏弼, 정여창鄭汝昌, 조광조趙光祖, 김안국金安國, 이언적李彦迪, 이황李滉, 김일손金馹孫, 서경덕徐敬德, 정희량鄭希良, 김정金淨, 성수침成守琛, 송인수宋麟壽 등의 13인은 조선시대 인물이다. 이 찬贊은 도학道學과 강상綱常에 대한 저자 나름대로의 평가가 개재된 것으로 남명南冥이 빠져 있는 것이 이채롭다. 비문碑文은 모두 진주성 전투에 대한 공적비이다. 묘지墓誌는 장기長鬐 현감 강덕룡姜德龍에 관한 것이고, 제문은 조부모, 장인 박사신朴士信 등에 관한 것이다. 권5와 권6은 결권된 부분이다. 「삼자해三字解」, 「계서록鷄黍錄」, 「침상단편枕上斷編」 등의 중요한 잡저가 수록되어 있었다. 성이침이 문학풍류를 즐겼음은 그의 장인인 이임중李任重이 친우들과 교류하는 모임에 관한 기록에서도 확인된다.

내(부사浮查 성여신)가 귀촌龜村에서 출발하여 지봉芝峯에 이르러 지수芝叟와 함께 팔계八溪로 가고자 하였으나, 지수는 이미 팔계로 향하였고 학도 몇 사람만 보일 뿐이었다. 그리하여 지수의 새로 지은 초정草亭에서 묵었는데, 정자 앞 배나무는 대나무를 의지하고 하얀 꽃이 한창 무성하게 피어 이 밤의 달빛이 마치 대낮 같아 홀로 잠들기 무료하였다. 닭이 울어 잠에서 깨어나 시 한 수를 얻었다. 날이 밝기 전에 일찍 출발하여 대은현大隱峴을 넘어서 서암西巖과 백암白巖 두 마을을 지나 병현竝峴을 넘었다. 고개의 높이가 하늘에 닿을 만하였으니, 이른바 '길이 산허리를 돌아감이 삼백 굽이'라고 하는 격이었다. 초계읍草溪邑의 옛 교동校洞을 지나 북쪽으로 구불구불한 작은 고개를 넘었는데, 동쪽에는 맑은 강 한줄기가 마을을 두르고 흐르는 것이 보였다. 이것이 황강黃江이다. 황강黃江 이선생李先生이 옛날 기거하던 곳이 강가에 있는데, 이선수李善守 형제는 황강의 외손으로서 그의 학문을 전하며 지키는 자들이다. 강변에 육수정六樹亭이 있는데, 정자 위에 몇 사람이 자주 돌아보았다. 내가 강을 건너는 것을 보고 손가락으로 가리키면서 웃음을 머금은 사람은 이희인李希仁과 이선수였다. 그 옆에 또 한 백발의 노인이 있었는데, 한경안韓景顔이었다. 한경안은 옛날 나와 함께 공부를 하였는데, 난리가 난 지 10여 년 만에 이제야 비로소 상봉하니 그 기쁨은 말할 수 없었다. 또 선전관宣傳官 이윤서李胤緖가 그 옆에 있었는데, 그의 선친은 개석정介石亭 주인이다. 정자는 황강 가 두 바위 사이에 있는데, 다섯 그루의 버들을 심었고 맑은 물과 흰 모래의 경치가 깨끗하고 시원하여 예전에 내가 왕래하면서 노닌 것이 여러 번이었다.

(1604년(선조 37) 3월 14일의 기록 중)

부사정浮査亭에서 만나기로 하였다. 이희인李希仁과 이선수李
善守는 모두 사정이 있어 오지 않았고, 단지 고을 벗인 하자평
河子平 · 자일子一 · 자근子謹 삼형제 및 하임보河任甫와 동네
사람 정인백鄭仁伯이 함께 와서 같이 얘기하였다. 인하여 용담
龍潭에 배를 띄우니 집안 자제들이 모두 따라 나섰다. 강 가운
데에서 북을 치니 소리가 암석을 쪼갤 만하였고, 연록색의 잎
과 지는 붉은 꽃은 그 그림자가 물결 속에 거꾸로 비쳤다. 사공
에게 수정 같은 포구를 거슬러 올라가게 하여 송탄松灘 위에서
물을 따라 내려오게 하니, 아득하고 거침없어 갈 바를 알지 못
하였다. 아! 상하가 하늘빛으로 만경의 물결이 온통 푸르고, 모
래톱의 물새는 날아올랐다가 다시 모이고 비단 물고기가 헤엄
치는 것은 악양루岳陽樓의 큰 구경거리와 같았다. 저녁 노을이
외로운 따오기와 나란히 날고 가을 강물이 긴 하늘과 한 빛인
것은 등왕각滕王閣의 좋은 경치와 같았다. 황금빛으로 출렁이
는 물이 밝은 달을 목욕시키고, 벽옥 같은 한 조각의 하늘이 맑
은 가을을 머금은 것은 「장회요長淮謠」 한 곡조의 맑은 경치와
같았다. 용담 한 구역이 이 세 곳이 가진 경치를 겸하여 갖추고
있으니, 즐겁지 아니한가. 더구나 일엽편주를 타고 아득한 만
경창파를 헤쳐 나가 마치 허공을 타고 바람을 몰아 그칠 줄을

모르는 것처럼 넓고 넓으며, 마치 속세를 버리고 우뚝 서서 학이 되어 선계로 오르는 것처럼 경쾌한 것은 적벽赤壁의 소선蘇仙이었는데, 곧 지금의 내 기분이 그러하니 한 마디 말로 그 기분을 기록함이 없을 수 있겠는가. 이에 먼저 절구 두 수를 지어 보여주면서 여러 벗들에게 시를 짓게 하였다.(1605년(선조 38) 3월 15일의 기록)

2. 계서 성이성

성이성成以性의 자字는 여습汝習, 호는 계서溪西이다. 그의 부친은 부용당 성안의成安義, 모친은 예안김씨 호조참판 김계선金繼善의 딸이다. 성이성은 성안의의 셋째 아들로 1595년(선조 28) 2월 1일에 현재의 경상북도 봉화군 동면 문단리에서 태어났다.

벼슬에 있어서는 절용節用, 애민, 청렴을 첫째로 삼아 한결같이 법을 준수해 누구도 감히 그에게 사사로운 청탁을 못했다. 그는 평소에는 문을 닫고 조용히 글 읽기를 즐거하였다. 손님이 오면 아무리 낮고 미천한 사람이라도 한결같이 후하게 대접했다. 그는 행실이 견실하여 만년에는 가세가 기울어져서 사는 집이 비바람을 가리지 못할 지경이었으나 살림에는 마음을 쓰지 않았다. 토지가 읍 가까이에 있었는데 혹 친지들이 집자리나 묘전墓田으로 달라고 하면 다 내어주었다. 순흥의 향토지인 『재향지梓鄕誌』에 의하면, 성이성은 정경세鄭經世의 문인으로, 1616년(광해군 8)에 21세로 생원시에 합격하였다. 그는 복시覆試에 나가 답안지 작성을 끝냈는데 함께 나간 이가 먹물을 쏟아 공의 답안지가 젖게 됨에 공은 태연스럽게 자신의 글을 그 사람에게 주었더니 그가 생원이 되었다고 전한다.

광해군 때 정사가 혼란하자 과거에 응시하지 않았다가 인조 때 급제하였다. 삼사三司의 여러 자리를 거치면서 많은 것을 직간하였고, 다섯 고을 원으로 나아가서는 청렴하게 다스렸다. 또한 그는 1645년(인조 23) 부수찬이 되어 청나라 사행길에 서장관으로 북경에 다녀오기도 하였다.

1651년(효종 2) 사간 겸 춘추관 편수관이 되었다. 그때 가주서 假注書 이명익李溟翼이 경연에서 말한 것을 밖에 퍼뜨렸다고 임금이 그를 나포하여 국문鞫問하도록 명령했다. 이에 성이성은 "경연에서의 일은 본래 공개함이 마땅한 것이지 숨길 일은 아닙니다."라고 간언하자 임금이 노여움을 내었다. 그때 마침 『인조실록』이 완성되어, 편찬에 참여했던 춘추관春秋館 관원들은 공로로 승진시키는 예임을 들어, 사국史局의 동료들이 조금만 지체하기를 권했으나, 그는 '언관言官이 되어 말이 쓰이지 못하는 터에 은상恩賞을 바라는 것은 너무 부끄러운 노릇이라' 하고 결연히 돌아와 버렸다.

이때 이조판서 정세규가 "이 신하는 본시 청백하고 근실하기로 알려져, 인조와 효종 두 왕을 섬겨 온 경악經幄의 신하이온데, 말 한 번으로 전하의 뜻에 거슬렸다 하여 버릴 수는 없습니다."라고 진언했으나, 임금은 노여움을 풀지 않고 아무 대답을 하지 않았다. 이로 말미암아 그는 더욱 임금의 뜻에 거슬린 바 되어, 몇 해 동안 다른 직책에 임명되지 못하였다.

이처럼 그의 강직함은 빼어난 의표儀表에 단정·장중하여, 아무리 불시에 급한 경우를 당해도 태연자약하여 급한 기색을 보이지 않았다. 부친이 제주목사로 있을 때, 부친을 뵈러 제주도로 가는 길에 사나운 풍랑을 만나 배가 금방이라도 뒤집힐 듯해 사공도 놀라 소리를 지르며 어쩔 줄 몰라 했으나, 그는 여유로운 자세로 편안히 앉아 있었다. 이를 보고서 배에 탄 사람들이 안정을 찾게 되었다. 또한 남원의 목민관으로 있을 때, 관아 안에 귀신의 괴변이 많다는 소문이 돌았지만 조금도 개의함이 없이 밤이면 늘 혼자서 거처하며 태연히 글을 읽었다.

1654년(효종 5) 가을 모친상을 당하였다. 복을 마치자 군기시정軍器侍正을 거쳐 진주 목사에 부임했다. 그곳의 백성들은 사람이 죽으면 시체를 대략 매장하고 오래도록 장례를 치루지 않으니 공이 이를 금하였다. 그들 가운데 스스로 장례를 치를 형편이 못되는 사람들은 도와주어 완전히 매장을 하도록 하니 미개한 풍속이 고쳐졌다.

1658년(효종 9)에 암행어사 민정중閔鼎重이 순안군무巡按軍務를 겸하여, 임금의 명으로 진주에서 훈련 사열을 하고 나서 군사에게 향연饗宴을 베풀고 상벌賞罰을 행할 새, 병사兵使 이하가 분주하고 두려워했다. 연회가 끝나고, 병사가 어사를 위해 촉석루矗石樓에서 크게 놀음놀이를 벌여 어사의 환심을 얻으려 하자, 성이성이 단연 그것을 제지하여 막아버렸다. 이를 듣고 어사가 깊이 감복하여, 조정에 들어가 으뜸으로 보고하여, 포상으로 표리表裹 한 벌이 하사되었다. 그해 가을에 다시 부교리로 임명되었으나 얼마 아니하여, 파직되어 돌아왔다.

향리에 살면서도 심한 시비사건이 아니면 일체 간여하지 않았고, 중년 이후로는 더욱 관문에 발길을 끊어 수령이나 감사가 내방해도 자제를 보내어 회사回謝할 뿐이었다.

성이성은 동생과의 우애가 돈독하였다. 아우와 더불어 시냇물을 마주하고 지냄에 화락함이 그지없어, 아침에 모이면 저녁까지 함께 있었고, 저녁에 모이면 때로는 새벽이 오는 것을 잊기도 했다.

그는 역사 관련 책을 읽을 때마다 절의를 세우고, 의를 위해 죽은 사건을 접할 때면 마치 자신이 그 자리에 있는 것처럼 격앙되어 눈물을 흘리고 명절을 실천할 것을 목표로 삼아 스스로 면려하였다. 유학자들 중 경전을 읽고 의리를 논하는 이들이 그 말

계서 성이성의 묘소 안내판

계서 성이성의 묘소

을 실천하지 못하는 것에 대해 탄식하기도 했다. 그는 비범한 자질, 강직한 성품, 결백한 처신으로 임금과 상사의 꺼림을 입어 세 번이나 파직되는 등 진로가 순탄하지 못했다.

그는 1663년(현종 4) 비로소 서용敍用되었으나, 이듬해인 1664년(현종 5) 2월 4일 향년 70세로 생애를 마쳤다.

그 후에, 봉화군 물야면 오천서원梧川書院에 향사되었다. 청백리 유심춘柳尋春은 오천서원의 봉안문奉安文에 그를 기리는 시를 남겼다.

학문에 있어서는 경학이 뛰어났고	學優經術
뜻을 지킴에 있어서는 충성스럽고 곧으며	志秉忠直
고결하고 소탈함이 그러하거늘	淸風灑然
어찌 백세의 모범이 되지 않겠는가?	百世可式

특히 성이성은 1627년(인조 5)에 문과에 급제한 후 진주 목사 등 5개 고을의 수령을 지내고 네 번이나 어사가 되었으며, 근면하고 검소하였고 재물을 탐내지 않았다. 그는 가는 곳마다 선정을 베풀어 여러 곳에 선정비가 세워졌으며, 옳은 일이 아니면 하지 아니하여 간신 김자점이 여러 번 나쁜 일을 하자고 하였으나 따르지 아니하였다.

또한 그는 인조에게 직언도 서슴지 않았다. 1634년(인조 12) 사간원 정언·홍문관의 부수찬·부교리를 거쳐 이듬해 사헌부 지평을 지낸 뒤, 1637년(인조 15) 사간원 헌납이 되어 윤방尹昉·김류金鎏·심기원沈器遠·김자점金自點의 오국불충誤國不忠의 죄를 논하기도 하였다. 특히, 사간을 역임하는 동안 직언으로 일관하여 주위의 시기를 받아 승진이 순조롭지 못하기도 하였다. 인조 즉위 후 그의 부친인 정원군을 왕으로 추존하여 종묘에 들이려 하여 많은 논란이 있을 때에, 간관諫官으로 있던 그는 강경한 직언의 상소를 올려 사사로운 정에 매여 사리를 살피지 못하고, 아부하는 세력의 말에 귀 기울임을 비판했다.

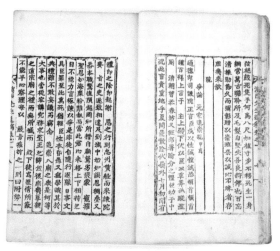
「쟁론원종추숭소爭論元宗追崇疏」(사진 제공: 한국국학진흥원)

　　1634년 사간원司諫院 정언에 임명되어 원종을 추종하자는 의
논이 일어나자 상소하였다. 그는 상소에서 "충직의 길이 막히고
영합迎合하는 풍조가 조성되어 전하께서 크게 하시고자 하는 바
는 이룰 수 있겠으나 국사國事는 끝내 어떻게 되겠습니까?"라 하
여, 임금의 뜻을 거슬러 체직遞職되어 돌아왔고, 다시 사서에 임명
되었으나 나가지 않았다. 그렇지만 다음해인 1635년에는 또다시
발탁되어, 홍문관 부수찬 지제교 겸 경연시독관 춘추관 기사관,
홍문관 부교리 지제교 겸 경연시독관 춘추관 기사관이 되었다.

　　그때 인성군仁城君 이공李珙이 역률逆律에 저촉되어 죽고 그 아들이 연좌되어 죄를 입었는데, 그는 인성군의 아들을 살려줄 것을 적극 청하였다. 임금은 그의 뜻에 감동되어 역률에 관련되어 죄를 받은 사람들을 죽이지는 않았다.

1636년(인조 14) 겨울 청淸나라의 군사가 쳐들어왔을 때, 임금은 어쩔 수 없이 남한산성으로 피난하였다. 그때 그는 마침 귀향해 있던 중에 이 변고를 듣고, 망와忘窩 김영조金榮祖·학사鶴沙 김응조金應祖와 함께 급히 임금 곁으로 달려가던 도중에 충주를 지나다가 경상감사 행영行營에서 감사監司 심연沈演을 만났다. 감사가 "적군에 막혀 남한산성에는 접근할 수 없는 상황이니, 차라리 여기서 힘을 바침이 옳으리라." 하므로, 감사의 말을 따르기로 하고 감사 심연의 참모로 활약하였다. 감사는 그의 도타운 충의忠義와 비상한 지모智謀에 감탄해마지 않았다고 한다.

피난 정부가 남한산성에 포위된 지 꼭 한 달 반 만인 1637년(인조 15) 정월 그믐날, 마침내 인조는 남한산성을 나와서 청나라 황제에게 삼전도에서 굴욕적인 항복을 하게 되었다. 그는 전쟁이 끝난 조정에 달려가 2월엔 진휼어사賑恤御使로 경상도 여러 고을을 두루 돌아 지방 관리의 정사와 민정民情을 살폈으며, 이어 호서湖西 암행어사가 되어 탐학貪虐한 관원들을 징계하고 선정善政이나 미행美行이 있는 이를 포상하도록 하였다.

1637년(인조 15) 호남 암행어사로서의 활동 일기인 「호남암행록」을 기록하였는데, 그 내용이 『계서선생문집溪西先生文集』과

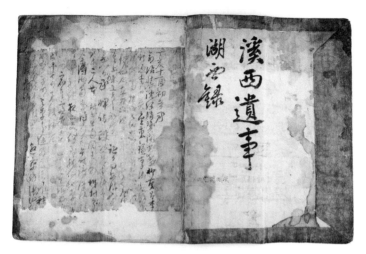

『호서록湖西錄』, 성이성이 43세(1637년) 때에 호서지방의 암행어사로 파견되어 활동한 일을 적은 일기(사진 제공: 한국국학진흥원)

『계서유사溪西遺事』에 수록되어 있다. 병자호란이 일어난 다음 해 인 7월과 8월에 걸쳐서 활동한 내용의 몇 대목을 구체적으로 살 펴보자.

> 7월 18일: 직산稷山에서 진천鎭川 방향으로 되돌아갔다. 소나
> 무 그늘에서 쉬고 있는데 노인 부부가 지나가다 잠
> 시 앉았다. 어디 사는지를 물었더니 진천 사람이었
> 다. 진천 사또가 현명한 사람인지를 물었더니 다음
> 과 같이 대답했다. "난리 전에는 잘 분별하여 다스렸

는데 난리 후에는 난리 통에 없어져버린 창고의 곡식과 관청의 물품을 찾아내는데 급급합니다. 모두 읍 주변의 사람들이 훔쳐가서 산 근처에 있는 집에 감추어두고 있다고 말하면서 읍내 사람들과 산기슭에 사는 사람들 모두를 장부에 올리고 재물을 바치고 죄를 용서받도록 하였습니다. 그들 중에는 무고한데도 누명을 쓴 사람들이 많습니다. 그런데도 이번 지방 수령 평가에서 다시 우수한 평점을 받았습니다. 감사가 하는 일은 어떻게 된 영문인지 알 수 없습니다." 저녁에 현에서 5리 쯤 떨어진 곳에 있는 촌사村舍에서 묵었다. 주인에게 물었더니 마찬가지로 대답했다. 캄캄할 때 집에 온 사람이 있었고 주인은 그에게 아무 일 없었는지를 물었다. 내가 '지금은 숯을 걷어 들이는 때가 아닌데'라고 하자 주인이 말했다. "우리 현에서는 매년 봄과 가을에 숯을 징수하지만 난리가 끝난 뒤에 걷어 들였던 것은 관가에서 말편자를 제조하는 데 이미 다 써버렸고 지금 다시 가을 나무(秋木)를 바치라고 독촉하고 있습니다." 내가 "말편자를 어디에 쓰는가?"라고 묻자 "사용처를 백성들이 어떻게 알겠습니까?"라고 대답했다.

7월 25일: 석성현 5리 밖 봉두촌鳳頭村에서 아침을 먹었다. 사

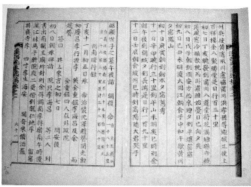

암행어사 성이성의 『호남암행록』

인士人 윤기尹沂가 나와서 만났다. 정오에 현 내부를
지나가는데 곳곳에서 멀리서 우리를 살피면서 서로
에게 전달하고 있었다. 나에게 우리의 정체가 발각
되었음을 보여주는 듯했다. 개인적인 용무로 사또를
만나려고 하는 사람인 것처럼 하고 들어가려 하였
다. 그러나 한 사령使令이 말을 끌어안으며 죽어도
들여보낼 수 없다고 하면서 막았다. 내가 언제부터
손님을 들어오지 못하게 막느냐고 물었더니 최근에
비롯되었다고 대답했다. 대개 전령專令이 암행하는
사람을 두려워하는 것은 모두 자기 자신이 부족하기
때문이다. 정말로 자기 자신에게 잘못된 것이 없다

면 태연하게 처신하는 것이 당연하다. 어사가 다니는 것에 대해 그저 왔다가 가도록 내버려두면 그만이지 그의 행적을 정탐하고 출입을 막아서 현의 정치 상황을 살펴보지 못하게 할 필요가 어디에 있겠는가? 문서를 보고 문책할 필요도 없이 그의 관직 생활은 이런 것만 보아도 알 수 있다. 오후에 부여의 역참에서 말을 교체하였다. 저녁에 백마강白馬江 가에 있는 직부直夫 이협李挾의 집에서 묵었다.

8월 1일: 하루 내내 큰비가 왔다. 목천木川 땅 대원大院에서 묵었다. 진천鎭川과 접경을 이루는 지역이다. 대원의 주인부자는 많은 일을 알고 있었다. 목천 수령이 결단력 있고 분명하다고 매우 칭찬하였다. 촌민들은 죄인으로 잡혀 들어가거나 관원들이 독촉하러 나오는 일을 당하지 않았다. 난리 때에 관청의 창고가 텅 비게 된 것은 진천과 목천이 마찬가지였지만 진천 사또는 채워 넣는데 급급해서 모두 현의 백성들이 훔쳐갔다고 하면서 진짜와 가짜를 가리지 않고 형벌을 적용하여 승복을 받고나서 가을이 되면 대가를 납입하도록 하면서 1석에 10두를 추가로 납부하도록 정해 주었다. 그러나 목천 사또는 공론을 받아들여 낼 수 있는 사람은 내고 낼 수 없는 사람은 내지 않게 하였기 때문에

관의 입장에서는 걷어 들이는 것이 있으면서도 억울
하게 누명을 쓰는 백성들은 없게 하였다.

그런데 이 시기는 권신權臣들이 서로 알력을 빚어, 공직公直
한 인품으로 명망을 띤 성이성成以性을 서로 끌어들여 이조정랑吏
曹正郎을 삼으려 했다. 그는 그것을 욕되게 여겨, 어버이 병을 이
유로 사직하고 봉화로 돌아왔다. 이로부터 연달아 임명이 있었
고, 옛 동료며 친지들도 복직을 권했으나 응하지 않다가, 이듬해
봄 비로소 병조정랑兵曹正郎에 취임하였다. 다시 교리沼怜 호남 암
행어사 등을 지내고, 어버이를 위해 외직을 구하여 합천현감陜川
縣監으로 부임했다. 그는 목민관의 역할을 함에 있어서 봉급을 털
어 전임자가 체납한 관곡 수백 석을 채우고, 학교를 세웠다. 저축
한 곡식으로 읍민을 구휼하여 청렴하다는 평판을 얻었으며, 교만
한 감사와 사나운 병사라도 모두 감동하여 그를 공경하였다.

성이성은 한결같은 청렴과 공직公直으로 갓난아기를 어루만
지듯 성력으로 백성을 돌보았으며, 봉록俸祿을 던져, 전임 현감이
축낸 곡식 수천 석을 대신 충당했고, 교학을 일으킴에도 힘을 기
울였다. 그때 감사監司나 병사兵使가 서슬이 대단했으나 성이성에
게는 예우가 깍듯했으며, 감영監營과 병영兵營에서 재물을 내어,
고을 백성을 구호하는 일을 돕기도 했다.

1644년(인조 22) 파직되어 돌아왔다가, 그해 겨울 시강원 필선

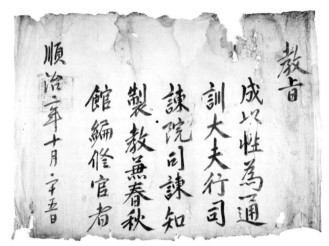

教旨

成以性爲一通
訓大夫行司
諫院司諫知
製·教兼春秋
館編修官者

順治二年十月·二十五日

교지(사진 제공: 한국국학진흥원)

弼善을 거쳐 보덕輔德에 옮기고, 이듬해 부수찬副修撰이 되어, 청나
라 사행使行에 서장관書狀官으로 정사正使 인평대군麟平大君을 따라
서 북경에 다녀올 때, 돌아오는 행장行裝에는 다만 침구 한 벌뿐
이어서, 부사副使 정세규鄭世規가 이를 보고는 감탄하여 그 이후에
는 매우 공경했다고 한다.

　　1646년(인조 24) 가을부터 다음해 여름까지 교리·수찬을 네
차례, 사간司諫·사헌부 집의執義를 네 차례, 시강원 보덕 한 차례
에 각각 임명되어 혹 취임하기도, 안 하기도 했다. 그해 6월에 별
시別試 과거 때에는 고관考官이 되어, 주시관主試官이 출제를 잘못
한 사건에 연루되어 함께 파직되었다가 1647년(인조 25) 7월 다시

교리에 복직되고, 겨울엔 또 호남 암행어사가 되었으며, 1648년 (인조 26) 봄 다시 집의·홍문관 응교應敎를 거쳐 담양부사潭陽府使로 부임했다.

1650년(효종 1) 암행어사가 그 치적治績을 임금께 보고하자, 임금은 포상하는 유서諭書를 내리며 옷감을 하사하였다. 임금은 다시 교리校理로 불러 집의執義에 제수하였다. 겨울에 부응교副應敎를 거쳐 다시 사간에 옮겼다. 그때 영남선비들이 우계 성혼成渾과 율곡 이이栗谷를 문묘文廟에 배향함이 부당함을 상소하고, 일도一道의 선비들이 과거에 응시하기를 거부하자, "나라에 경사가 있어 보이는 과거인 경과慶科를 거부함은 곧 임금을 무시하는 작태다."라는 말이 낭자하였다. 이에 영남선비들이 또 상소로 변명하여 우비優批가 내렸으나 일반의 불평이 대단했다.

그때 마침 도내道內 어느 장난꾼이 거짓으로 왕의 비답批答을 꾸민 사건이 있어, 의론이 몹시 시끄러웠는데, "그것은 앞서 상소한 유생儒生 가운데서 나왔으리니, 필시 화를 넘겨씌우기 위한 계책이리라" 함이었다. 이에 대하여 사람들이 모두 몸을 사렸으나, 성이성이 나서서 그 애매함을 힘껏 변명하여 사림士林에 화가 미치지 않도록 했다.

1653년(효종 4) 3월 비로소 창원부사昌原府使에 제수되자, 사양하지 못하고 부임했다. 이때 조정에서 진영鎭營을 설치하고 힘써 군정을 닦으려 할 때, 무관들이 세력을 부려 그에 따른 일로 여러 고을이 고달팠으며, 또 민가의 노비奴婢들 중에 의무를 다하지 않고 도망친 자들이 있어 이들을 찾아 돌려보내주는 추쇄推刷와 양반·서민 집 노비들이 주인을 배반하고 투입하는 자가 잇달아 송사訟事가 분분하였다. 그는 그 폐를 감사에게 상신함으로써 감사가 나라에 알려 금지하게 하매 그 폐단이 훨씬 줄었다.

또한 해변 고을인 창원에서는 마포馬浦 1면만이 해산물을 공납貢納하는 구실을 부담했는데, 이 해에 마포사람들이 죽는 불상사가 있었다. 그는 이를 매우 긍휼히 여겨, 그 지역에는 구실을 모두 면제시키고, 해산물 공납까지도 관에서 사서 바치는 등 성심으로 민생을 보살피매, 떠나 도망쳤던 백성들이 사방에서 모여들어 그가 다스린 지 2년 만에 백성의 살림이 생기를 되찾게 되었다.

1659년에 효종이 승하하고 난 후에, 그는 국장도감낭청國葬都監郎廳이 되었으며, 6월에 다시 사간이 되었다가 교리에 제수되었다. 10월에 국장을 마치고, 사건으로 물러났다가 겨울에 다시 집의에 복직, 교리에 옮겼다.

1660년(현종 1) 봄에는 강계江界 백성이 오랜 폭정暴政에 시달려, 조신 가운데서 중망重望이 있는 인물을 부사府使로 물색하던 중에 그가 임명되었다. 강계는 관서지방의 웅진雄鎭이나, 압록강에 면하여 여진女眞 땅에 연접되어 있고, 백성이 드물며, 국내 대표적인 산삼이 나는 곳이라 거의 산삼 캐는 일로 생업을 삼는 고장이었다. 원근의 장사꾼들이 모여들고, 관가에서도 끼어들어

이익을 탐함이 장사꾼 이상이었으니, 서도西道 일대의 고위관원들 및 중앙 각 아문衙門에서 포백布帛을 실어다 맡기고, 그 값어치의 3배에 해당하는 삼을 요구하였으며, 수령守令이 또한 그러하니 백성의 부대낌이 극심하여 원성이 온 고을에 자자했다.

그가 부임길에 오르면서, 그 폐단을 여러 대신들에게 알리고 과감히 바로잡으리라는 결의를 보이매, 정승 이경석李景奭만이 그를 칭찬했을 뿐, 대개는 미지근하거나 불쾌하다는 기색들이었다. 그는 부임하자 세삼細蔘을 모두 없애고, 서울이며 지방 각 관청의 공안公案을 가지고 삼을 구하려는 자는 모두 막아버리니, 백성들이 기쁨과 감격을 마지못했다.

이 해에 관서지방에 가뭄이 심하고, 메뚜기가 온 들판을 뒤덮어 들어가 푸른 잎사귀가 남아나지를 못했다. 그는 밤낮으로 근심하며, 온갖 방법을 짜내어 구호에 성력을 다했다. 어느 날 감영監營에서 비장裨將이 공문을 가지고 왔다는 아전의 보고를 받고, 그는 필시 삼 때문이리라 짐작하고 만일 공무라면 군사편으로 공문을 보내어 전령할 터인데 어찌 비장裨將이 공문을 옷소매에 지니고 와서 수령에게 부탁할 것인가를 의심하고 받기를 거부했다. 그 사람이 매우 노하여 돌아가서 거짓으로 보태어 감사監司에게 보고하매, 감사가 감탄하여 "그 사람이 그렇듯 엄정嚴正하니, 비록 상사上司로서도 어찌할 수 없구나." 하고, 한양으로 돌아가 성모成某 같은 이는 지금 세상엔 한 사람뿐이리라 칭찬했다.

그런데 마침 만포첨사滿浦僉使 한휴韓休가 사병이 삼금蔘禁을 범했다고 모함하자, 조정에서 의론이 분분한 차에 겉으로 돕는 체 하면서 도리어 그를 옭으려 들었다. 그런 와중에 그를 나포拿捕하라는 명이 이르매, 온 고을이 창황하여 울부짖었고 드디어 의금부義禁府로 잡혀가게 되매, 강계부의 백성들이 따라와 억울함을 호소하여 "우리 사또님 같은 은혜로운 다스림은 강계가 생긴 이래 처음이라." 하면서, 인삼 2백 근을 나라에 바치면서 죄를 용서하기를 빌었다. 그는 이 말을 듣고는 놀라며, "그렇게 함은 도리어 나를 불리하게 하는 일이라." 하면서 힘써 달래어 막았다. 그때 조정에서 이 사건을 알고 사실을 조사할 사신을 보내고자 하였는데, 강계 사람들이 수 천금의 뇌물을 쓸 계책으로 반년 동안이나 한양에 지체하다가 사신이 오지 않음을 알고서야 돌아갔다.

그는 벼슬에 있으면서도 교유交遊가 적었으며, 더욱 권귀權貴와 가까이 하기를 싫어하였다. 인평대군麟平大君이 여러 차례 내방來訪하자, 단 한 번 답례로 찾은 뒤에는 다시 발길을 하지 않았으니, 그 결벽함을 짐작할 만하다. 그는 평생토록 번화함을 싫어하여, 기생을 가까이 하지 않았으며, 평소에는 문을 닫고 조용히 글 읽기를 즐겨하였고, 손이 오면 아무리 낮고 미천한 사람이라도 한결같이 후하게 대접했다. 또한 남의 떳떳치 못한 일을 말하지 않았고, 자기의 잘한 일을 나타내는 법이 없었다.

성이성은 벼슬에 있어서는 절용節用, 애민愛民, 청렴淸廉을 첫째로 삼아 한결같이 법을 준수하여, 누구도 감히 그에게 사사로운 청탁을 못했으며, 관청이 정숙하고, 안과 밖이 엄격히 격리되어 아문의 관속들도 그의 얼굴을 보지 못했고, 술 한 잔과 국 한 그릇이라도 사사로이 쓰지 못했다. 그래서 그에게는 간혹 엉뚱한 비방이 있기도 했으나 그는 개의하지 않았다.

그는 부임한 고을마다 밝은 다스림으로 칭송이 있어, 담양潭陽, 창원昌原, 진주晉州, 강계江界 등 고을에 돌이나 구리에 새긴 송덕비頌德碑가 있었다. 게서 성이성이 지방 목민관으로서의 역할을 얼마나 제대로 하였는지는 『게서문집』에 실려 있는 여러 선정비를 통해서 살펴볼 수 있다.

「담양청백인정비潭陽淸白仁政碑」

맑고 희도다, 백옥처럼 깨끗하구나.

사랑하고 어루만지니, 백성의 어버이로다.

하루 아침에 온갖 법도 새롭게 하니, 온 고을 태평성세,

삼년 동안 다스렸건만, 영원토록 기리 사모하네.

清耶白耶 白玉之白　　字之撫之 民之父母

一朝維新 百里太古　　三載居官 萬世永慕

「강계청백인정명江界淸白仁政銘」

사문에 우리 수령께서, 천성이 강직하고 밝았네.

청렴에 뜻을 두셨으니, 스스로 검소하셨다네.

정사 공평하고 송사 이치에 맞아, 온 고을 어려운 이 살렸네.

형벌 줄고 세금 가벼워져, 관리와 백성 모두 편안하네.

한 해 다스렸건만, 영원토록 잊을 수 없네.

斯文我侯 天性剛明　　志存淸儉 自奉儉約

政平訟理 閤境蘇殘　　省刑薄斂 吏民俱安

居官一載 沒世不忘

「창원청백인정비昌原淸白仁政碑」

얼음은 깨끗하고 옥은 하얀데	氷自潔 玉自白
우리 님 은덕은 은동이에서 나왔네.	我侯之德 銀甕出澤
백성들의 복 크게 모이니	鴻集生民之福
봉이 날아 우리 님 나오셨네.	一鳳飛五馬歸
어린 백성 입은 공 잊지를 못해서	赤子疇衣 不可護于
천만년 새겨 기리고자 하네.	以鐫千萬年

「진주목사 성후이성 청덕유애비晉州牧使 成侯以性淸德遺愛碑」

사랑과 은혜는 소신신과 두시 같았고	召杜慈惠
간결함은 공수와 황패 같았네.	龔黃簡潔
임기 못 마치고 그만 두시니	歸未及瓜
백성들의 바람이 이지러졌네.	民望斯缺

이처럼 성이성이 외직으로 나갔던 네 곳에서 한결같이 그를
추모하는 선정비를 확인할 수 있다. 전라도 담양부사와 경상도
창원부사 때의 선정비善政碑인 「청백인정비淸白仁政碑」를 비롯하
여 강계부사 때의 선정비인 「청백인정명江界淸白仁政銘」, 진주목사
때의 선정비인 「청덕유애비淸德遺愛碑」 등을 통해 목민관 성이성
을 그려볼 수 있다.

　　그는 1695년(숙종 21) 청백리淸白吏에 녹선錄選되고, 나라에서
는 자손에게 쌀과 콩을 하사하였다. 오광운은 「성이성 묘갈문 병
서」에서 다음과 같이 그를 평하였다.

　　　신하의 도리에는 세 가지가 있으니 임금을 섬김에 충직하고
　　　백성에 임하여선 은혜롭고 벼슬살이에는 청백함이라. 공에게

경상남도 진주시 본성동 진주성에 있는 진주목사 성이성 선정비

능한 것은 진실로 이 세 가지이고 공에게 능하지 못한 것은 명예와 지위가 없음일세. 높은 지위에 오름이 하늘에 통하는 길 같았는데 연거푸 죄를 받지 않았던들 그 나아감을 막을 수 없었으리. 곧기가 쇠화살 같은데 공에게 무슨 허물이 있겠으며 깨끗하기가 흰눈 같으니 공에게 무슨 죄가 있으랴. 울부짖으며 억울함을 호소하는 변방 백성에겐 능했으나 공을 곤경에 빠트리려는 조정의 신하들에겐 어쩔 수 없었네. 저들 가운데 어느 권능한 이가 나아갈 길을 통제하랴만 능히 뺏을 수 없는 것은 공의 맑은 이름이로구나. 천명을 살렸으니 거기에 음덕이 있겠고 공에게 또 능한 것이 있으니 복록福祿을 내림일세.

3. 종가의 후예들

계서종가를 이어온 후손들을 창녕성씨 검교공파檢校公派의 계보도를 통해 살펴보자.

경북의 명문 종가 중 하나인 봉화 계서 성이성成以性의 직계 계보를 보면, 그 선대는 창녕 성씨의 시조 성인보成仁輔 이후 15대의 부용당 성안의成安義로 이어진다.

부용당 성안의의 아들은 일곱으로 성이침成以忱, 성이각成以恪, 성이성成以性, 성이념成以恬, 성이항成以恒, 성이신成以愼, 성이송成以悚 등이 있다. 성안의의 장남 성이침은 2남 2녀를 두었는데, 아들은 성창하成昌夏, 성창리成昌李이다. 차남 성이각이 4남 4녀를 두었는데, 그의 아들은 성응하成應夏, 성경하成慶夏, 성강하成康夏, 성도하成度夏이다. 3남은 성이성이고, 4남 성이념成以恬은 4남을

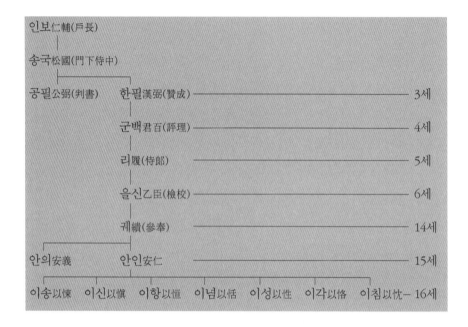

인보仁輔(戸長)

송국松國(門下侍中)

공필公弼(判書)　한필漢弼(贊成) ─────────────── 3세

군백君百(評理) ─────────────── 4세

리리履(侍郞) ─────────────── 5세

을신乙臣(檢校) ─────────────── 6세

궤績(參奉) ─────────────── 14세

안의安義　안인安仁 ─────────────── 15세

이송以悚　이신以愼　이항以恒　이념以恬　이성以性　이각以恪　이침以忱─ 16세

두었는데, 그의 아들은 성명하成命夏, 성정하成正夏, 성시하成時夏, 성대하成大夏이며 성대하는 생원이다. 5남인 성이항成以恒은 아들이 없어 성득하를 후사로 삼았다.

　부용당 성안의의 딸은 모두 다섯인데, 첫째 딸은 진성인 퇴계 증손 참봉 이억李嶷에게 출가하였고, 둘째 딸은 남인 대간 소고 박승임朴承任의 손자인 박료朴炓에게 출가하였고, 셋째 딸은 지평 이홍李洪의 손자인 이천표李天標에게 출가하였고, 넷째 딸은 진성인 장령 정민공貞愍公의 후손인 이문한李文漢에게 출가하였다. 다섯째 딸은 안동인 증조부는 권호금權好金이요, 조부는 권방權昉이요, 부친은 권상중權尙中인 문과급제 권도權鍍에게 출가하였다.

부용당 성안의의 셋째 아들인 계서 성이성의 부인 봉화금씨는 문목사 이개李愷의 딸, 성성재 이난수李蘭秀의 손녀, 부사 이용헌李勇憲의 증손녀, 직장 진성이씨 이안도李安道의 외손이다. 그 아들로는 첫째 성갑하成甲夏, 둘째 성석하成錫夏, 셋째 성득하成得夏, 넷째 성용하成用夏, 다섯째 성문하成文夏, 여섯째 성입하成立夏가 있고, 그 딸로는 창원인 황선黃橏에게 출가한 첫째 딸, 청주인 정기재鄭基載에게 출가한 둘째 딸, 광산인 김한규金漢奎에게 출가한 셋째 딸이 있다.

또, 계서 성이성으로부터 그 직계 계보를 보면, 2세 성갑하成甲夏, 3세 성세림成世琳, 4세 성후인成后寅, 5세 성현成灦, 6세 성언극成彦極, 7세 성종노成宗魯, 8세 성주교成冑敎, 9세 성종진成鍾震, 10세 성형成瀅, 11세 성건식成健植, 12세 성병원成炳元, 13세 성덕기成德基, 14세 성기호成起鎬, 15세 성익창成翊彰으로 이어진다.

종가를 이룬 계서 성이성의 아들들의 활동을 살펴보면, 성이성의 큰아들 성갑하成甲夏(1621-1685)는 총명함이 뛰어나 교도敎導에 쉬웠으며 성품이 고결하여 사치를 싫어하였고 그의 부친이 청백리록淸白吏祿에 올라서 추앙되었듯이, 그도 벼슬은 못하였으나 세속을 따라 행세하지는 않았다. 1660년에 사마시司馬試에 합격하였고 부친의 고을살이를 따라다니며 독서 외에는 담담淡淡하였고, 집안에서도 조금의 흐트러짐이 없이 늘 숙연한 태도를 지컸다. 그는 덕망이 높아서 관가에서 누차 천거하였으나, 나가지 않고 벼슬이 내렸으나 분의分義에 맞지 않는다고 사퇴하고 받지 않았다. 창설蒼雪 권두경權斗經은 만사輓詞에서 "행신行身과 처세는 천진天眞에 맡기고 백수궁경白首窮經에 펴지 못하였다."라고 하였다.

둘째 아들 오음梧陰 성문하成文夏(1638-1726)는 선대의 빛을 이어 몹시 민첩하고 총명하여 7, 8세에 글을 짓되 속된 말이 없었으며, 성장하여 외삼촌인 낙포洛浦 금공琴公을 따라 시예試藝의 가르침을 받고 지혜가 날로 밝고 조행操行이 성취하여 유가의 도의로 갈고 다듬어서 당시의 선비들도 따르지 못하였다. 그는 집에 있으면 서실을 정제하고, 경사백가經史百家를 관통하며, 때로는 매화나 국화를 꺾어 시를 읊고 스스로 즐기면서 많은 후진을 배출하였다. 현종 때에는 사마를 하였고, 숙종 때 호군護軍을 하였으며, 영조 때에는 참봉을 하였다. 사후에는 이조참판에 증직되었다. 그는 눌은訥隱 이광정李光庭의 묘갈명을 지었으며, 저서에는 『오음문집梧陰文集』이 있다.

셋째 아들 단애丹厓 성대하成大夏(1647-1724)는 독서를 즐겨 문장이 간명했고, 1693년 숙종 때에 생원을 하였고, 평생 동안 벼슬길에 나아가지 않으려 하였지만 끝내 마다하지 못하여 나아가 승지를 지냈다. 학사 권두경은 그의 만사輓詞에서 "학사에서 높은 평판을 받았고 문단에서 원숙한 선비였네."라고 하였다. 그는 숙종 때에 호군護軍을 하였다.

그 외에 가문의 명예를 높이는 데 기여한 후손들 중 성이성의 손자 송파松坡 성세욱成世頊(1677-1726)은 천품이 청수하고 총명이 빼어나서 1715년 숙종 때에 문과에 급제하여 승문원承文院 정자正字를 시작으로, 승문원承文院 박사博士를 지냈으며, 신령현감으로 맑은 정사를 펼쳤다. 이후 병조좌랑에 제수되었으나 스스로 세상에 드러나기를 싫어하여 고향으로 내려가 세월을 보냈다.

성이성成以性의 3대손 성기인成起寅(1674-1737)은 숙종 31년에 과거에 급제하여 청백리로 이름 높았다. 성이성의 4대손 성섭(1718-1788)은 문집『교와문고僑窩文稿』를 남겼다. 이 책의 3권에는 성이성의 호남에서의 암행어사 출두 장면을 전하고 있어 귀중한 문헌자료로 평가되고 있다.

이 책에는 "우리 고조께서 암행어사로 호남의 한 곳에 이르니 호남 12읍의 수령들이 크게 잔치를 베풀어 술판이 낭자하고 기생의 노래가 한창이었다. 한낮에 암행어사가 걸인모양으로 음식을 청하니 관리들이 말하기를 '객이 능히 시를 지을 줄 안다면 이 자리에 종일 있으면서 술과 음식을 마음껏 먹어도 좋겠지만 그렇지 못하면 속히 돌아감만 못하리라!' 곧 한 장의 종이를 청하였다.

술통 속의 맛좋은 술은 천 사람의 피요　　　樽中美酒千人血

소반 위의 술안주는 만백성의 기름이라.	盤上佳肴萬姓膏
촛농 떨어질 때 백성눈물 떨어지고	燭淚落時民淚落
노랫소리 높은 곳에 원성소리 높아진다.	歌聲高處怨聲高

쓰기를 마치고 내놓으니, 여러 관리들이 돌아가며 보고는 의
아해 할 즈음 서리들이 암행어사 출두를 외치며 달려 들어갔다.
그러자 관리들은 일시에 흩어졌고, 당일에 파출罷黜된 자가 6인
이고 그 밖의 6인도 서계書啓에 올렸다. 이는 모두 세도가의 자제
였다."라는 내용이 담겨 있다.

　　성이성의 후손인 성섭의 『교와문고』와 『필원산어筆苑散語』에
서도 이몽룡의 행적과 흡사한 장면이 나온다. 이러한 모든 정황

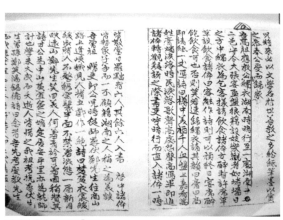

계서의 후손이 지은 『교와문고』

전백당傳白堂 현판. 후손들이 청백리의 정신을 이어가려고 한 뜻을 보여준다. 조선 말기의 해사海士 김성근金聲根(1835~1919)의 글씨(사진 제공: 한국국학진흥원)

을 상고할 때 「춘향전」의 이도령이 실존인물 계서 성이성인 것이 명확해진다.

성이성成以性의 5대손 전백당傳白堂 성언극成彦極(1730-1786)은 천성이 총명하고 모든 일에 정확하였다. 1753년에 사마司馬에 올라 칭송이 자자하더니 왕이 성균관에 들러서 제생을 부를 때, 공의 단정한 모습을 보고 성명, 거주, 연령, 현조顯祖 등을 물었다. 이에 공이 자세히 아뢰니 왕이 듣고 "청백리淸白吏를 내가 익히 알았는데 이제 그대의 행동을 보니 정말 그 집 사람이로다."라고 하고 사랑이 넘쳤으므로 보는 이마다 존경하였다. 그는 대산大山 이상정李象靖 문하에서 수학하였고, 문장력이 좋았으며, 저서에는 『전백집傳白集』이 있다.

성이성의 5대손 성언근成彦根(1770-1848)의 호는 가은稼隱으로

집이 가난하여 주경야독晝耕夜讀으로, 정조 때 생원을 하였다. 문
효세자가 급서한 후 왕대비가 내린 교지에 대해 공이 상소하니
왕이 영남은 원래 충절의 고장이라더니 과연 그렇다고 하였다.

성이성成以性의 7대손인 정암晶菴 성발교成發敎(1828-1892)는 민
오敏悟한 재질로 학문과 필법을 배워서 남들의 부러움을 받았고
1882년 고종 때에 생원을 한 뒤 후진들의 훈도에 힘을 썼다. 오은
梧隱 성언극成彦極의 사대손인 성형成瀅(1830-1888)은 어려서부터 학
문에 주력하고 독행수신篤行修身하여 이웃의 존경을 받았는데, 철
종 때에 진사를 하였다.

제3장 계서종가의 문헌과 유물

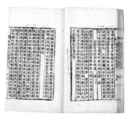

1. 종가의 문헌

계서종가에는 문헌을 보전할 수 없었던 가문사가 있다. 종손 성기호는 가문에 전해 내려오는 이야기를 들려주었다.

옛날에 나한테 11대 때 우리 집이 어수선했어요. 가정적으로 말하자면 첩을 두었던 모양이라. 첩이 아들을 종손 만들라고 나쁜 짓을 해서 적자가 돌아가셨어요. 그래 첩 아들이 자기 엄마가 잘못 하니까 아버지한테 일러바쳤어요. 그래 문중에서 그 첩을 장작불에 처넣어 죽였답니다. 근데 그때 당시 그래 하면 야단난답니다. 그때 계서 선조 동생이 퇴계 종부로 갔어요. 증손자한테 결혼해서 갔어요. 회재, 충재, 쌍벽당 이런 집하고 혼인해서 세력이 막강해서 무마가 되었답니다. 그래 사건이 무마가 되고 그 아들이 '나는 죄인이다' 그래서 삿갓을 쓰고 하늘을 안 보고 다니다 비관을 해서 물이 빙빙 도는 소가 있는 데 거기에서 신을 벗고 고깔을 벗어놓고 빠져 죽었어요. 그래 고깔바위라고 했는데, 내가 외지에 나갔다 오니까 보를 해서 없어졌어요. 여기 물야면 방두들이라고 솔고개 넘기 전에 다리 건너서 있었는데, 고깔바위가 있는데 물이 이렇게 부딪쳐서 돌아서 내려갔어요. 거기 빠져 죽었어요. 그때 당시에 경황이 없어가지고, 그 시대에 우리 후자 인자하고 같은 시대에 한 항렬에 기자 인자라고 있었어요. 그분이 어사를 두 번 했어요. 계서 자손인데, 그래 경황이 없으니까 그분이 우리집에 있는 책을 전부 가져갔는데, 그 후손이 순조 때 천주교를 믿었어요. 그래 그 아랫대도 천주교를 믿으니까 거기에 땅하고 문적을 기증을 했나봐요. (인터뷰 자료 출처: 영남문화연구원 제공)

첩의 과욕이 불러온 가문의 불행은 종가에서 대대로 지켜온 문헌을 보전하는 것을 어렵게 만들었고, 이러한 상황에서 지손들이 종가의 문헌을 가져가게 되었다. 그들의 후손들이 천주교에 귀의하면서 대구에 있는 천주교 본교구 계산성당에 상당한 분량의 문적을 기증하였다고 한다. 한편 계서종가에 내려오던 문헌들은 국학진흥원에 기탁하였다. 현재 국학진흥원에 보관된 문헌

『연행일기燕行日記』
(사진 제공: 한국국학진흥원)

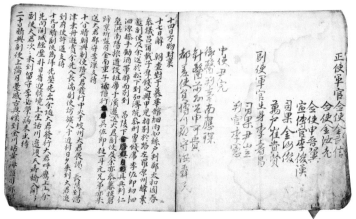

으로는 성이성이 서장관으로 북경을 다녀오면서 쓴 『연행일기』
가 있으며, 오광운이 기록한 성이성의 행장이 전한다.

　　『계서선생문집』은 뒤에 다시 『계서일고溪西逸稿』라는 표제로

華錫夏二男世璠進士世環一女適縣監權斗
寅得夏一男世壁一女適生負柳宗時用夏無
子後以世球文夏世珽世項文斗騎
省郎三女適李杶生負郎游道騎郎辛時沇
銘曰有三事君忠真民惠卷居官清白公所
臣道有三事所不能者退叔名位九廠登瀛
能者先益三事所不能者進趨名位九廠登瀛
何天之衝不有望生莫問其處豈如金天公有

何過漆以王雪公有何坐彌泣松寬能拮遺民
引絕排根其本朝紳披誰能通塞晉程所不
飾導之清名活千人者顧有陰德公又有能
錫祚其福
柴禍紀元後百十七年甲子四月日嘉善
大夫龍驤衛副司直兼弘文館提學同知
義禁府春秋館事五衛都捻府副捻管吳
光運撰

「행장行狀」(사진 제공: 한국국학진흥원)

「계서선생문집溪西先生文集」(사진 제공: 한국국학진흥원)

有抄兵之舉昏夕會議雖非達遠之言軍七怪啟後盡
是嗚遂之莘民惜至此誠可寒心未知將何以鎮定
將何以收拾也王候靜攝之中知繼緒之爲頹
問逐物減捧奉公之心此亦可見而一境大小人及
潭陽府使沈廉得其要顧爲逐年官廳之納依
金羅道暗行御史時啟
而臣既有所見開故不敢不從實書啟　啟下丁卯
朝家命令多少
霧近之官所言各最亦有訕謗之說行於其間至以
官家經費之不簡爲言

錦城縣監申晷到官之初頗有生殺數月後首末
顧評政尚到明下人要憚書員等亦不至縱其奸不
高敞縣監孛應芳性本疾拙不能有所作爲蘇無爲
意龍縣監李得明不醒之時
興陽縣監孛倫居官處事故連日不醒之時
聲亦少倥以酒亂業酒己成病不可以廉讓責望而
但不爲剝民治績雖無廉
民勤恤之啟亦庸芳性本疾拙不能有所作爲蘇無爲
親國之來不至作獎於民間者此非大段可辯之事
而民猶以是多言從前守宰不文溫雜之狀搏此可

편집되었다. 여기에는 그가 지제교知製教로 임금을 대신하여 지은 교서敎書·사제문賜祭文과 소소·계사啓辭·중국 기행문인「연행일기燕行日記」, 암행어사의 기록인「호남암행록湖南暗行錄」등이 수록되어 있다. 종손 성기호의 선친이 친필로 쓴『계서선생문집溪西先生文集』은 3년 전에 도둑을 맞기도 했다.

이 밖에도 계서공파 문중에서 보관하고 있는 문헌들로 계서 성이성의 4대손 성섭(1718-1788)이 쓴『필원산어筆苑散語』,『교와문

『부용당선생일고芙蓉堂先生逸稿』(사진 제공: 한국국학진흥원)

高橋窩文稿』전 3권, 계서 성이성의 5대손 성언근成彦根(1770-1848)의
『가은유고稼隱遺稿』등이 전한다.

그 외 가평리 계서당에는 계서공파 창녕성씨 시조로부터 15
대손 부용당 성안의와 16대손 계서 성이성을 거쳐서 30세손에
이르기까지 선조들의 관직, 후손, 묘소, 배우자 등이 세필로 기록
된 족보가 보관되어 있다. 기타 규장각의 문헌에도 성이성이 청
백리 215명의 명단에 수록되어 있으며,『본 전고대방전』(강학석
씀. 1915년 1월 20일 초판 발행. 경성부 공평동 55번지 소재 대동인쇄 주식회사
발간)에도 조선 숙종 때 청백리로 녹하였다는 기록의 문헌이 보관
되어 있는데, 최근 한국국학진흥원에 위탁되었다.

2. 종가의 유물

1) 어사화

성이성이 1627년(인조 5)에 치러진 식년시 과거 시험에 합격
하여 임금이 직접 내린 종이꽃 어사화가 그 꽃받침과 함께 보관
되어 있다. 과거 급제 후 그는 인조로부터 직접 어사화를 선물 받

어사화御賜花(사진 제공: 한국국학진흥원)

았다. 과거 시험에 급제했다고 모두 어사화를 받는 것은 아니었기 때문에 성이성의 후손들은 인조 임금에게 하사받은 그 어사화를 대대로 보존해오고 있다.

2) 사선

성이성이 조정으로부터 암행어사직을 명받고 암행어사 출두시 얼굴을 가리고 그 직분을 행할 때 사용한 얼굴 가리개인 '사선紗扇'이 그의 후손에 의해 관리되고 있다가, 최근 한국국학진흥원에 위탁되었다.

계서 성이성이 직접 사용하던 사선紗扇(사진 제공: 한국국학진흥원)

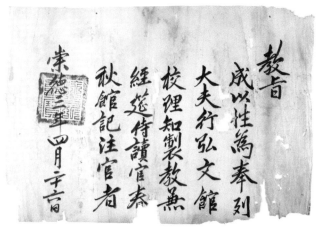

좌) 교지
우) 홍문관교리弘文館校理 고신告身 교지教旨(사진 제공: 한국국학진흥원)

3) 교지

1616년 성이성이 생원시에 합격하였다는 합격 교지를 그의 후손이 보관하고 있다가, 최근 한국국학진흥원에 위탁되었다. 그 외 1627년 계서 성이성이 문과시험에 응시하여 합격한 시험의 답안지가 보관되어 왔다.

4) 「계서초당기」

성이성이 만년에 은거하던 초당에 걸린 기문記文으로 번안

「계서초당기」溪西草堂記(사진 제공: 한국국학진흥원)

채제공이 쓴 「계서초당기溪西草堂記」가 전한다.

5) 성안의 영정

경상남도 창녕군 성산면 냉천리에 거주하는 성준기가 소장하고 있는 것으로, 1997년 12월 31일에 경상남도 문화재자료 제247호로 지정되었다. 소재지는 경상남도 창녕시 성산면 냉천리 222번지이다.

이 영정影幀은 1602년(선조 35) 부용당 성안의가 영해부사로 재임시 제작된 것으로 추정되며, 길이 160cm의 명주 바탕으로 되어 있다. 무색 도포를 입고 있는 전신 입상으로 상투를 튼 머리에 몸을 약간 옆으로 틀고 두 손을 모으고 있는 것이 특징이다.

성이성의 영정은 예전에 보관하고 있었으나 어느 시기 분실되었다고 그 후손들이 전하고 있으며, 영정을 보관하고 있는 분의 연락을 기다리고 있다.

제4장 계서종가의 건축문화

이중환李重煥이 『택리지擇里志』에서 "집터를 잡는 일에서 으뜸가는 것은 지리地理"라고 하였듯이 조상들은 죽은 이들의 영혼이 머문다고 믿은 음택陰宅에 대응하는 공간으로서 살아있는 이들의 토대가 되는 양택陽宅(집터)을 중요시 하였다. 이러한 전래적 민속문화 의식에 근거한 종가의 전통 가옥은 그곳을 지켜온 사람들이 생활을 위해 세우고 다듬어 온 전통적인 집이기에 그 가옥의 문화 속에는 조상들의 숨결과 아름다운 마음씨가 담겨 있고, 그들의 경험과 축적된 기술을 바탕으로 한 지혜도 고스란히 담겨 있다.

참위설讖緯說과 풍수지리설을 신봉하던 술가術家들의 말로는, 천재지변天災地變이나 전쟁이 일어나도 안심하고 살 수 있는 살기 좋은 땅, 즉 십승지지十勝之地가 있다고 한다. 『정감록鄭鑑錄』에서는 "보신保身할 땅이 열이 있으니 첫째는 풍기·예천이요, 둘째는 안동의 화곡華谷이요, 셋째는 개령開寧의 용궁龍宮이요, 넷째는 가야伽倻요, 다섯째는 단춘丹春이요, 여섯째는 공주의 안산安山 심마곡深麻谷이요, 일곱째는 진목鎭木이요, 여덟째는 봉화奉化요, 아홉째는 운산봉雲峰山 두류산頭流山이요, 열째는 풍기의 대·소백산이니 길이 살 땅이라 장수와 정승이 이어 나리로다."라고 하였다.

민간에 전해지고 있는 십승지지十勝之地라는 복지福地에도 현재 영주에 속하는 풍기 금계촌金鷄村과 봉화 내성촌乃城村이 있다. 금계촌金鷄村은 소백산 아래에 위치하는데, 전설에는 "말을 타고 가던 남사고가 소백산을 보고 즉시 말에서 내려 말하기를 활인活人산이고 피난처로 제일이다."라고 하였다 한다. 소백산 남록에 위치한 금계촌金鷄村은 북천北川(지금의 금계천)과 남천(지금의 남원천)이 합류하여 남쪽으로 흐르고 있어 풍수지리적으로 부산대수負山帶水를 이룬 전형적인 명당이라 하였다.

또, 이중환의 『택리지』에서도 봉화의 내성촌乃城村은 태백산 아래에 자리 잡아 춘양春陽, 소천召川, 재산才山과 함께 피병避病과 피세避勢의 땅이라 하였다. 평안하게 살려는 생각과 지리적 환경적인 조건에 합리적으로 대응하며 조화를 이루려는 집터 선택에서의 원리를 살펴보면, 산수가 좋고, 인심이 좋고, 지리적으로 생활하기에 편리함이 충족되어야 좋은 집터라고 해왔다. 백두대간의 한 기슭에 자리하고, 가까이에는 영주, 예안, 안동 등의 영남 유가 교육의 공간이 있고, 물과 기후가 좋아 쾌적하며, 생활을 넉넉하게 해줄 풍부한 옥토가 많은 곳이 봉화군 물야면의 가구마을이다. 이곳에 계서종택이 자리하고 있다.

1. 종택의 안채

계서당溪西堂은 봉화 창녕성씨 계서공파의 종가로, 사랑채의
당호는 '성이성의 호'를 따서 '계서당'이라 붙였다. 그래서 종가
전체를 계서당이라 통칭한다. 계서당은 성이성이 1613년(광해군
5)에 지어 살던 곳인 계서가의 종가宗家로, 세거지世居地의 중심 건
축물인 계서당은 안채, 사랑채, 사당이 함께 국가지정 문화재 중
요민속자료 171호로 지정되었다. 계서당은 소나무 숲이 우거진
동산 기슭에 남향으로 자리 잡고 있는 집이다. 뒷산엔 큰 소나무
들이 빽빽하게 자라고 있다. 집이 높은 곳에 위치한 탓에 밖에서
보면 우뚝 솟아 보인다. 대문채로 가는 길은 마을길에서 직선으
로 논을 거쳐 갔는데 현재는 과수원이 되었다.

계서당 입구

계서당 현판(사진 제공: 한국국학진흥원)

종택의 안채 전경

종택의 안채 측면

종택은 1613년(광해군 5) 계서 성이성의 부친인 부용당 성안의가 남원부사로 1607년부터 1611년에 재임한 후에, 이어서 승진이 되어 전라도 광주목사로 옮겼다가, 얼마 되지 않아 벼슬을 떠나서 고향으로 돌아와 있을 때 지은 것으로 전해온다. 건축의 과정에서는 원래는 허름하고 좁은 초가였는데, 계서 성이성의 장남 성갑하가 처가의 도움을 받아 지금 모습의 종택을 지은 것으로 전해진다. 조금씩 늘어나는 살림을 기반으로 후손들이 건축을 하다 보니 안채와 사랑채의 건립 연도가 다르다.

이 가옥은 사랑채인 계서당을 좌측면에 우뚝 세워놓고 안채와 날개채를 붙인 독특한 'ㅁ'자 형태를 띠고 있다. 아래쪽 마당 끝에 대문간채를 두고, 그 북쪽 높은 곳에 사랑채와 안채가 하나로 연결되어 'ㅁ'자 형 집을 이루고 있다. 대문간채를 들어서면 비교적 넓은 사랑마당이 있고, 맞은편 높은 곳 서쪽에 중문간채가 있다. 동쪽에는 사랑채가 자리 잡았고, 사랑채 서쪽의 중문으로 들어서면 안채가 있다. 이곳의 안채와 사랑채는 다른 곳과는 다른 특징을 보이고 있다. 안채는 도장방이 많은 것이 특징이고, 사랑채는 대부분 홑집인데, 이 집은 겹집으로 만들어 안채의 날개구조에 영향을 미쳤다. 그 결과 안채 부분이 약간 변형되었다.

안채는 정면 5칸으로, 중앙 3칸은 대청이며 좌우 2칸은 안방과 상방이 대칭으로 놓여졌다. 안방과 상방 뒤에는 마루방을 각각 반 칸씩 설치하여 받침으로 사용하고 있다. 안방 부엌은 마당

계서당 항공사진

쪽으로 길게 뻗어 중문간이 있는 앞채와 직각으로 만나며, 상방
앞의 부엌은 반 칸을 내밀어 사랑채 부분과 1미터 정도 틈을 두
었다. 대청의 도장방과 안방 사이에 대청 기둥 상방에는 고미받
이를 걸치고 고미혀를 끼웠던 흔적이 남아 있고 기둥의 측면에도
가시새를 설치하여 벽을 쳤던 자국이 남아 있다. 따라서 이 1칸
은 온돌방으로 안방과 연결된 구조이다.

　안채의 중심부는 정면 3칸의 대청이고, 서쪽 협간의 뒤쪽 반
칸에는 도장방을 들였다. 그런데 이 도장방 앞의 기둥 상방에는

고미받이를 걸치고 고미혀를 끼웠던 흔적이 남아 있으며, 기둥의 측면에도 가시새를 설치하고 벽을 쳤던 흔적이 있는 것으로 보아 원래 도장방 앞의 마루도 온돌방으로 대청과 안방을 연결했던 것으로 보인다. 도장방은 또 안방의 뒷방과 동쪽 건넌방인 상방의 뒷방에도 있는데, 이와 같이 도장방이 여럿인 점도 이 집의 특징이다. 대청 서편의 안방은 두 칸 크기이고 그 남쪽의 부엌도 그만한 넓이인데, 부엌의 안마당 쪽 기둥 간살이에는 벽체가 없다. 이것도 역시 이 집의 특징이다.

　　문화재청에서 발간한 『한국의 가옥』을 참고해서 살펴보면, 계서당의 본체는 ‘ㅁ’자형으로 공간이 구성되어 있다. 북쪽에 ‘ㄲ’자형 평면의 안채를 배치하고 남측 전면에 ‘一’자형으로 중문간과 사랑방을 배치하였다. 안채는 정면 3칸, 측면 2칸의 대청을 중앙에 두고 좌우로 측면 1칸의 좌·우익사를 남쪽으로 확장시켜 평면을 구성하였다. 대청 6칸 가운데 서북쪽의 1칸은 고방으로 사용되고 있다. 좌·우익사의 안방과 상방 뒤에는 도장방을 각각 반 칸씩 설치하였다. 좌익사는 안방 2칸으로 부엌 1칸과 뒷마당으로 나가는 문간 1칸이 배치되었다. 우익사는 상방 아래 부엌 1칸과 수납시설을 두었으며 사랑채와는 평면이 분리된다. 중문간채는 좌로부터 온돌방 1칸, 토방 2칸, 중문 1칸이 배치되었는데 온돌방은 안채 우익사에서 외부로 돌출되어 3면이 외기에 접한다. 안채로 출입하기 위해서는 좌익사 측면으로 난 문을 통해야만 한다. 당초 생가는 50칸 규모였다. 지금은 솟을대문이 있는 행랑채를 포함해 3채가 뜯겨 없어졌다고 한다. 생가는 정면 7칸, 측면 6칸의 'ㅁ'자형이다. 안채 부분은 약간 변형됐지만 경북 북부 지방 민가의 옛 모습을 그대로 간직하고 있다. 팔작지붕의 사랑채 계서당은 정면 3칸, 측면 3칸이 연이어 있다. 조선시대의 전형적인 사대부 가옥 형태다. 정면에서 보면 바로 앞쪽 마당 끝에 대문간채가 있다. 그 북쪽 높은 곳에 사랑채와 안채가 하나로 연결되어 있다.

2. 종택의 사랑채

　　종택의 사랑채는 측면 대청에 전백당傳白堂이란 현판이 붙어 있는데 아마도 계서의 청백함을 이어온 집이라는 뜻일 것이다. 사랑채 부분은 후대에 증축되었거나 개축된 것으로 추측된다. 소나무 숲이 우거진 뒷동산 기슭에 남향으로 위치하고 있다. 종택은 바깥행랑채가 달린 '口' 자형 날개집 유형에 속하는 것이나 평면구성이 특징이다. 대개의 양반집은 사랑채와 안채를 엄격히 구분하는데 계서당 역시 그러하다. 흔히 두 건물 사이에는 중문을 둔다. 이러한 중문을 닫아걸면 아무도 안채로 드나들 수 없게 된다.

종택의 사랑채

　문화재청에서 발간한『한국의 가옥』을 참고해서 살펴보면, 사랑채는 이중 기단을 놓고 그 위에 누마루식으로 올렸으므로 사랑 마당에서 눈을 높이 들어 보아야 한다. 그러나 누마루 기둥 사이를 돌과 흙으로 쌓은 뒤에 다시 기와조각과 흙을 써서 채워, 높은 누마루가 줄 수 있는 위 아래가 텅빈 듯한 느낌을 조금은 줄여주고 있다. 그 느낌은 누마루 한쪽을 널벽으로 둘러 아늑한 느낌을 주는 것과 비슷하다.

　사랑채는 정면 3칸, 측면 3칸의 팔작지붕집으로 후대에 증축 개축한 것으로 추정된다. 전면 3칸과 좌측면 2칸에 'ㄴ'자형 마루를 설치하고 기둥 바깥으로 난간이 있는 좁은 마루를 두었다. 마루의 뒤쪽에는 사랑방·책방·사랑윗방을 배치하였으며, 마루의 양쪽 측면은 널판으로 벽을 만들어 각 칸에 문을 달았다. 사랑채 툇마루 끝에는 주인이 바깥에 나가지 않고 소변을 볼 수 있도록 판자로 3면을 막고 바닥을 뚫었는데, 지금 항아리는 보이지 않지만 바닥 아래에 항아리를 놓아 간이화장실로 썼다고 한다.

사랑채는 보통 앞퇴가 있는 홑집으로 구성되나 이 집에서는 두칸반통二間半通의 넓이를 잡아 겹집으로 만들었다. 이로 인하여 안채의 날개집 구조에 큰 변화를 초래하였다. 사랑채는 정면에 'ㄴ' 형의 마루를 설치하고 사랑방·사랑윗방·책방 등을 배치하여 구색을 갖추었으며, 마루의 양측면은 널벽을 달아 꾸몄다.

정면은 다락집처럼 높직한 누하주樓下柱를 세웠는데, 높은 축대 위에 올려 세운 데다 누하주 간 사이에 돌담벼락을 치쌓아서 아랫도리가 매우 무거워 보인다. 더구나 누하주를 방주方柱로 굵직하게 세워서 더욱 무거워 보인다.

정면 세 칸의 퇴기둥 밖으로는 난간을 설치하였는데, 그 아래의 여모판이 아주 듬직해서 역시 장중한 맛을 더하고 있다. 측면이 두 칸 반이어서 사랑채는 일곱 칸 반의 크기이다. 앞쪽 세 칸의 마루는 반 칸 넓이의 앞퇴가 있어 칸 반통의 넓이인데, 동편 협간의 한 칸도 마루로 꾸며서 두 칸 반의 넓이가 되었다. 여기에 기둥 밖으로 쪽마루를 반반 칸 넓이로 짜돌려서 그만큼 마루를 깐 면적이 넓어졌다. 나머지 칸이 방인데, 그 가운데 서북쪽 끝의 한 칸을 벽장 및 안채로 통하는 출입문 등으로 활용하여서 실제의 방은 네 칸이 되었다. 사랑채는 창건 이래 중수 등의 손질이 있어서 안채만큼 옛 모습을 지니지 못하고 있다.

3. 종택의 사당

경상북도 영주시 이산면 두월리 돌고개를 내려오면 좌측에 사시골 마을이 나타난다. 이 마을 뒷산 8부 능선에 부용당 성안의의 무덤이 갑좌甲坐로 앉아있다. 연소혈燕巢穴로 보이는 이 묘는 갑좌甲坐의 경유파구庚酉破口로 이곳 역시 수구가 튼튼하고 중첩되어서 풍수상으로는 다산多産의 응이 유독 돋보이는 곳이다. 갑좌의 경유파구인 '태향태류胎向胎流', 즉 갑甲은 하늘 별자리로는 '미수尾宿'이기 때문이다. 미수는 여성의 별자리인데 대화천황의 왕후와 후궁 자리인데, 미수에는 '부열성傅說星'이란 별이 붙어있어 여자들이 아이를 점지해 달라고 빌었던 별이다.

계서 성이성의 묘는 봉화군과 연접한 영주시 이산면 신암리

뒷산에 청백리답게 소박한 모습으로 자리하고 있다. 뱀바위 남쪽 마을 산속에 자리하고 있으며 석물과 청백리를 녹한 내용과 남원 귀신들을 많이 만났다는 내용이 새겨진 비석이 세워져 있다. 이곳은 그가 살던 계서당에서 그리 멀지 않은 곳으로, 계서정溪西亭 뒷쪽에 위치하고 있다.

계서 성이성의 마지막 안식처인 그의 묘는 그의 성품에 걸맞게 날카로운 요성曜星이 묘 아래 건좌로 자리하고 있다. 전문가들의 견해로는 그의 산소는 건너편 '아미안산蛾眉案山'이 임금을 독대하는 듯하지만, 용맥의 오행이 오직 목화로 구성된 것은 기대에 조금은 못 미친다고 한다.

참판 오광운吳光運이 찬한 묘지墓誌에 '통정대부 행홍문관응교 지제교 시강원보덕 증부제학 계서선생 성공지묘通政大夫 行弘文館應敎 知製敎 侍講院輔德 贈副提學 溪西先生 成公之墓'라고 새겨진 비는 비신만 바꾸었다. 그 옆에 자그마하고 아주 귀엽게 생긴 문인석상 한 쌍이 무덤을 수호하고 있어 청백리 정신에 잘 어울리는 의물로 평가한다.

계서 종택에는 다른 종가들처럼 산천경계에 가장 어울리는 아늑한 곳에 4대 조상의 영정靈幀과 위패를 모시며 모든 제사의 중심이 되는 사당이 있다.

계서 종택의 사당 건물은 계서당 동북쪽 언덕 위에 자리하며, 불천위를 모시고 있다. 이 사당은 사주문과 협문을 두고 전면

종택의 사당 전경

종택의 사당

과 서측에 토석담을 두고 동측과 후면에 흙으로 구릉을 만들어 사당의 담장을 갖추었다. 사주문은 전면 담장선에 맞추어 안기둥을 세웠다. 사주문 대들보 하단에 인방재를 걸고 널을 깔아 천장을 만들고 상부에 제사와 관련해 사용하는 돗자리나 제사도구를 올려놓는 다락을 꾸민 것이 특이하다. 측면에는 살창을 두어 채광과 통풍을 고려하였다. 사주문의 규모는 정면 2,150밀리미터, 측면 1,620밀리미터이다. 자연석 초석 위에 각기둥을 세우고 장여, 대들보, 굴도리를 걸어 3량가의 가구를 구성하였는데 종도리 대공은 주두와 판대공을 세워 장여와 도리를 받을 수 있게 하였다.

문화재청에서 발간한 『한국의 가옥』을 참고해서 살펴보면, 사당은 정면 3칸에 측면 한 칸 반의 크기로 전면 반 칸을 퇴로 사용하고 뒤의 1칸은 우물마루를 한 제향공간으로 사용한다. 자연석 기단 위에 전면은 화강석으로 가공된 원형초석을, 내진은 상면이 다듬어진 사각형 형태의 초석을, 후면은 자연초석을 설치하였다. 전면 툇간의 기둥은 원주를 사용하였으며 배면 기둥은 각주를 사용하였다.

기둥머리에 창방을 걸고 보아지를 놓은 후 주두를 올리고 퇴보, 장여, 도리를 걸었다. 공포는 익공계로 구성하였는데 보아지 외단은 직절하고 내단은 초각을 넣어 장식하였다. 이 장식은 내진주의 보아지에서도 나타나고 있으며 사당내부에서도 동일한 문양이 사용되었다. 소로의 굽이 상당히 높은 특징을 보이고 있다.

　보는 대들보와 퇴보가 사용되었는데 내진 평주 위에 맞보로 결구되었다. 내진 기둥에는 벽체를 만들어 창호를 설치하였으며 상부에 도리를 걸기 위해 판대공을 세웠다. 가구는 3량가로 대들보 상단에 첨차와 소로를 겹으로 놓은 판대공을 세워 종도리 장여와 종도리를 받고 있다. 내진 평주 창방과 내진 퇴보 상단의 별장여 사이에는 심벽으로 벽체를 구성하지 않고 포벽의 포장여처럼 2매의 장여를 보내고 있다.

　창호는 정면 3칸과 측면 벽체에 설치되었다. 정면은 상인방에 의지해 문선을 세워 문얼굴을 만든 후 정칸에는 2짝, 툇간에는 1짝의 여닫이 창호를 설치하였다. 창호는 상부와 하부의 구성이 다른데 하부는 띠장을 둔 판장문으로 하고, 상부는 세살문으로 했다. 양 측면은 중인방 위에 문선을 세우고 가로로 인방재를 보내 문얼굴을 만든 후 격자살 벼락닫이창을 넣었다.

　연목은 대부분 교체된 상태로 지붕의 전면은 겹처마로 하고 후면은 홑처마의 맞배지붕 형식을 하고 있다. 막새는 사용하지 않았다. 또한 내부 단청 치장의 경우를 보면, 전반적으로 단청을 하였지만 대들보와 주요 부재에만 먹과 백선으로 배긋기 단청만 하고 가칠단청을 하여 절제된 기품을 보여준다. 대공과 보아지는 초틀임을 넣었으며 소로마다 연꽃을 그려 넣었다. 위패를 모시는 감실을 별도로 하되, 길게 별도의 장을 만들어 집의 가구 구

계서 사당 옆의 노송(보호수)

보호수 안내판

보호수

🌿 봉화군

🌿 수종 / 소나무
🌿 수령 / 500년
🌿 수고 / 10m
🌿 흉고나무둘레 / 1.7m

🌿 고유번호 / 08-31-1
🌿 지정일자 / 2008. 9. 8

이 소나무는 춘향전의 주인공인 이몽룡의 실존모델인
성이성(成以性, 1595~1664) 선생이 유년시절 함께
보낸 나무로서 고택(古宅)의 은은함과 소나무의 청청
(靑靑)함이 잘 어우러져 있다.

나무를 사랑합시다!

조로 조각하여 장식하고 기둥을 그림으로 그려 가옥의 모습을 하고 있는 것이 특징이다. 중간에 띠살무늬에 풍혈을 만든 분합문을 달아 마치 축소된 한옥이 연상되게 만든 것이 이 사당만의 독특한 개성이라고 할 수 있다.

제5장 계서종가의 제례문화

1. 제례의 현황

　　계서종가는 4대 봉사를 하기 때문에 1년에 제사가 13번 있다. 불천위不遷位 제례는 계서의 기일이 음력 2월 4일이지만, 하루 전인 2월 3일에 낮 12시 넘어서 1시 사이에 지낸다. 이렇게 지내는 것은 경상도는 퇴계 집안의 예법에 연원하기 때문에 퇴계 가문에서 하는 대로 따른 결과이기도 하다. 퇴계의 집안은 도산서원에서 낮 12시에 향사를 지낸다. 계서종가에서도 이러한 방식을 따라 불천위 제례를 그렇게 지내고 있다. 이렇게 지내는 또 다른 이유는 한밤중에 지내게 되면 직장생활을 하는 사람들에게는 지장이 많기 때문에 시류에 맞추어서 낮에 지내는 것으로 바꾸었다고 한다. 이런 시대에 따른 변화는 피할 수 없는 것이기에 종손의 판단에 따라서, 좋은 것은 받아들이고, 받아들이지 못하는 것은 안 받아들이고 취사선택을 하여, 퇴계 집안의 현행 방식도 따르고 편이성도 고려하여 낮에 지내게 되었다고 한다.

또, 2017년의 불천위 제사에도 종중에서는 창녕성씨 대종회 성한기成漢基 회장을 위시하여, 검교공파 종회 성석주成錫珠 종회장 등과 타성으로서는 봉화산약협동조합 김두성 이사장 등 60여 명이 동참하였다. 종손 성기호는 자손들에게 제사 참여를 강요하지 않는다.

> 우리는 옛날부터 절대로 오라고 그러지를 않아요. 오고 싶으면 오지, 너 마음에 달렸다 하고, 그래 제관이 별로 없어요. 달갑지 않은 사람은 오지 말라고 그러고 하니까 어떤 사람은 종손이 그러면 안 된다고 그러기는 하지만 그런대로 지나는 편이지요. 그리고 제사에 많이 참례할 수 없는 이유가 대부분 도시로 생활 근거지를 옮겨 떠났기 때문에 예전처럼 그렇게 많은 사람들이 동참할 수 있는 형편이 아니지요. 매년 참석하는 타성들은 많지 않고, 농사일에 쫓기다보니 타성들한테 특별한 연락은 하지 않는 편이고, 다른 문중의 제사에도 참례를 잘 하지 않는 편이에요.(인터뷰 자료 출처: 영남문화연구원 제공)

하지만 종손은 선조가 사불천위士不遷位에 추대된 것을 자랑

제례 참석자들의 음복 모습

스럽게 생각한다.

사불천이지요. 우리는 그때 국불천 시호도 받고 할 수 있는 능
력이 있었는데, 우리는 성품이 남한테 청탁하고 그런 법이 없
어요. 국가에서 자청해서 주면 몰라도. 국불천 하려면 선을 대
야 하나 봐요. 그러니 그렇게 하기 싫어서 그냥 둔 거지요. 요
새는 사불천이 낫다고 해요. 사불천은 문중이 경북도에 백 집
이 있다면 한 집이 반대해도 안 된답니다. 그러니 요새로 말하
면 국민이 뽑은 국회의원이나 대통령이 장관보다 더 알아주잖

아요.(인터뷰 자료 출처: 영남문화연구원 제공)

    불천위不遷位 제사는 사당에서 지내지 않고 불천위의 위패를
모시고 와서 방에서 지낸다. 그러나 추석 명절 때에는 사당에서
지내며, 10월에는 시사時祀를 지낸다. 현재 불천위 제사 비용 등
은 종중의 사정으로 인해 종손이 부담하고 있다.

2. 불천위 제사의 절차

    불천위 제사의 제수 준비는 종손과 종부가 주로 담당한다. 제수 준비와 더불어 병풍屛風 · 교의交椅 · 제상祭床을 갖추어 불천위 제사의 제청을 마련한다. 제상 위에는 촛대[燭臺]를 놓고, 앞에는 향안香案을 놓는다. 그 위에 향로香爐와 향합香盒을 얹고 모사기茅沙器와 퇴주기退酒器, 축판祝板, 주가 등을 마련한다. 이렇게 제청이 마련되면 진설陳設을 한다.

    계서종가의 진설은 간소한 편이다. 갱羹은 콩나물무국을 사용하고, 포脯는 대구포를 사용한다. 탕湯은 다섯 가지 탕으로 한다. 적炙은 명태, 돼지고기, 소고기, 닭고기를 익히지 않고 생으로 올리는 점이 특징적이다.

불천위 제례 진설

신주 출주

계서종가 불천위 신주

　　진설이 끝나면 사당에서 신주를 모셔오는 출주出主를 진행
한다. 종손과 일부 집사자, 축관이 참여하여 사당에서 신주를 모
시고 나온다.

　　이후 참사자 전원이 신주를 향하여 두 번 절하는 참신례參神
禮가 행해진다. 참신을 마치고 초헌관은 신위 앞에 나아간다. 초
헌관이 향안을 앞에 두고 꿇어앉고, 좌집사는 축판 옆으로, 우집
사는 주가 옆으로 자리를 잡는다. 좌집사가 술잔을 주인에게 건
네면 우집사가 빈 술잔을 채운다. 초헌관은 술잔을 향 위로 세 번
둥글게 돌리고 모사기에 세 번 나누어 붓는다. 초헌관이 빈 술잔

을 좌집사에게 되돌려 준 후 두 번 절하면 강신례降神禮가 끝난다.

이후 초헌初獻, 아헌亞獻, 종헌終獻의 예를 행한다. 초헌은 종손이 하며, 아헌과 종헌은 문중 인사가 한다. 그러나 아헌과 종헌은 외빈객이 있을 경우 외빈객이 행하도록 한다. 종헌관이 재배후 돌아가면 신께 음식을 드시도록 권하는 유식侑食을 행한다. 이때 제상을 가려 신이 음식을 드시도록 합문闔門한다. 문을 닫고 모든 참사자가 문 밖으로 나와 제자리에서 부복하면서 구식경九食頃 동안 기다린다. 축관이 세 번 기침소리로 식사가 끝났음을 알리면 계문啓門을 행한다. 계문 후 물그릇을 올리고 메에 꽂힌 숟가락으로 메를 세 번 떠서 물그릇에 말고 숟가락을 걸쳐 놓고 서 있는 상태에서 상체를 굽혀 잠시 기다린다. 이렇게 제사의 절차가 끝나면 마지막으로 신위 앞에 수저를 시접에 되돌려 놓고 모든 참사자가 두 번 절한다. 좌·우 집사가 밥과 갱을 비롯해 열어두었던 뚜껑을 닫고 술잔을 내려 술을 비운다. 마지막으로 신주를 사당에 안치한 후 철상撤床하면 제사의 과정이 끝난다.

제6장 계서종가 사람들

1. 종손 · 종부 이야기

계서 성이성의 13대 종손 성기호와 부인 강순자 부부가 현재 계서당에서 살고 있다. 그들은 대구로 떠났다가 10여 년 전에 귀향하였다. 집안 곳곳에는 부부의 손길이 닿은 살림살이가 구석구석 놓여 있다. 청백리 후손답게 꾸밈은 없다. 마당 한쪽 장독대는 종부의 손때 묻은 옹기 10여 개가 놓여 있다. 마당 왼쪽에는 헐린 담장 대신 소외양간이 자리를 잡았다. 종손이 어릴 적에는 생가 주변에 정자 두 채와 방앗간채가 있었다고 한다.

종손은 남다른 성장기를 보냈다. 봉화 해저 팔오헌 셋째 집에서 시집온 어머니는 종손이 열다섯 살 되던 해 지병으로 돌아가셨다. 집에는 아버지의 첩도 있었다. 술을 좋아하셨던 아버지

종손 성기호

는 재산을 관리하지 못했다. 아버지는 국사편찬위원회 교서관을 지내실 만큼 한학 실력이 뛰어나셨지만 세상 물정 모르는 호인으로 사람들에게 잘 속으셨다. 그러면서 가세가 많이 기울었다고 한다.

> 우리 아버지는 세상 물정 모르고 술만 마시고, 돌아가실 무렵에 재산을 끝장내다시피 했어요. 옳게 써보지도 못하고 사기만 당하고, 그래도 팔 게 있었으니까 돌아가실 때까지 고생은 안 했지요. 내가 고생 많이 했어요. 이 어른은 천지 세상 물정

을 몰라가지고, 기차를 타는데 얼굴도 모르는 사람이 '어르신 연세 많으신데 저가 차표를 끊어드릴 테니까 돈을 저한테 주이소.' 그러니까 돈을 줬어. 아이 기차는 왔는데 사람은 나타나지 않아. 그래가지고 기차를 놓치고 집으로 왔어. '왜 오느냐' 고 이러니까 '차표를 끊어준다고 해서 돈을 줬는데, 돈을 가지고 가서 차를 못 탔다. 다시 차비 가지러 왔다.' 그리고, 제사 장보기 하는데 술을 잡숫고 제사 장보기는 술집에 두고 집에 오셨어. '제사 장보기는 어떻게 했습니까' 하니까 다시 술집에 찾으러 가서. 그만치 세상 물정을 모르셨어요.(인터뷰 자료 출처: 영남문화연구원 제공)

종손은 대구에서 친척집에 더부살이하며 고등학교를 마쳤다. 도시락도 싸갈 형편이 안 될 만큼 그의 학창시절은 가난했다. 심지어 비가 오면 우산이 없어 십 리나 되는 학교에도 가지 못했다. 그런 날이면 담임선생님이 종손의 형편을 이해하고, 혼자서도 잘 할 수 있으니 학교에 안 와도 된다고 배려해주셨다고 한다.

종손은 원래 집안의 맏이가 아니었다. 일곱 살 위의 형님이 있었지만 교통사고로 일찍 세상을 떠나 종손이 되었다. 어쩌면 이것이 운명이라는 생각을 한다는 종손은 어머니를 회상하면서 하나의 이야기를 들려준다.

우리 어머니는 내가 열다섯 살에 돌아가셨는데, 5, 6년 아프다가 돌아가셨어요. 그래 또 내 형이 있었어요. 일곱 살 더 많은 분이 있었는데, '형은 공부를 잘 하고 열심히 하니까 외국 유학가고, 너는 농사나 짓고 집을 지켜라.' 그러면서 나보고 하는 말이 '집 지키는 사람은 아무 거나 먹어도 된다.' 맛있는 거 있으면 형만 주고 나는 안 줘. 그래 왜 그러냐 하면 '형은 나이가 많으니까 맛있는 거 먹어야 되고, 너는 나이가 적으니까 앞으로 맛있는 거 더 많이 먹잖아.' 그래. 형이 외국 가면 집을 못 지키니까 네가 농사 지으면서 집을 지키라는 그 말이 맞았는지, 그 형이 고등학교 2학년 때 차 사고로 돌아가셨어요. 그래 내가 집을 지키게 되었어요.(인터뷰 자료 출처: 영남문화연구원 제공)

그렇게 행복하지 못했던 청소년기를 보낸 종손은 이후에도 서모와 사이가 좋지 않아 결국 서울행을 택한다. 서울에서 종손은 우연히 경찰관 시험에 응시하여 좋은 성적으로 경찰공무원이 된다. 처음 부임한 곳은 경남이었다. 마산과 진해에서 주로 근무했는데, 그곳에서 종손은 종부의 친정 언니 소개로 종부를 만나 결혼하였다. 종손은 장인을 성품이 좋고 의로운 분으로 기억한다.

장인은 배짱이 굉장히 세었어요. 일본시대 때 우리나라 사람

종부 강순자와 필자

들이 일본사람들한테 쫓겨 다니면 전부 장인집에 숨겨주고 그
랬어요. 그러는 바람에 일본사람들한테 미움도 받고 했지만
절대로 굽히지 않았어요. 그때 당시 무역선 선장이었어요. 중
국 대련 요동반도를 많이 다녔어요. 상하이 이런 곳으로 많이
다니고, 돈을 벌면 집집마다 다 나눠주고 그랬어요. 이 어른도
성품이 좋아서 얼굴도 모르는 사람이 돈을 달라고 했는데, 그
래 돈을 많이 떼었어요. 얼굴도 미남이고 키도 크고. 그래 우
리 큰아들이 외탁을 했어요. 하하.(인터뷰 자료 출처: 영남문화연
구원 제공)

장인은 딸이 종부로 가는 것을 매우 흡족하게 여겼다고 한다. 종부는 시어머니가 안 계시는 종가에 시집왔지만, 야무지게 종가의 법도를 배우며 살림을 꾸려나갔다고 한다. 그래서 시아버지께 예쁨을 많이 받기도 했다고 한다. 종부는 고집이 강한 편이다. 하지만 집안의 예법을 지켜나가는 것만큼은 종손의 뜻을 잘 따라준다고 한다.

결혼 후 종손은 경찰을 그만두었다. 자신의 적성에 맞지 않는다는 생각에 이직하여 회사에 취직하였다. 그 후 직장생활을 하면서 가세가 기울어진 종가를 이어가기 위해 많은 애를 썼다고 한다. 집을 팔아버리려는 아버지를 억지로 설득해 종택을 지켰고, 아버지를 대신해 집안의 대소사를 챙겼다. 그런 종손을 가장 힘들게 했던 것은 일가 사람이었다.

내가 힘들었던 게 우리집에 있는 사람을 일가를 정했는데, 18년 동안 집에 손해를 많이 끼치고, 거짓말도 많이 하고 저가 종손이라 하고. 그래 문중 사람들이 나를 우습게 알고 해서 속이 많이 상했어요. 그 사람 때문에 애를 먹었어요. 조부 이름으로 되어 있는 걸 문중 위토로 하려고 하고. 어느 집이나 종손하고 지손하고 알력은 있는 거 같아요. 지금은 나한테 꼼짝 못하지. 그리고 여기서 동생집으로 양자 나간 집이 있는데, 돈을 내놓으라 하면 아니라고 하고, 좋은 결혼식 할 때는 계서 자손이라

고 하고. 그런 게 싫어서 그래 내가 제사 오지 말라 그랬어

요.(인터뷰 자료 출처: 영남문화연구원 제공)

이처럼 힘겹게 종가를 지키며 살아왔지만 종손은 종손 자리를 탐내본 적은 없었다고 한다. '물소리 흐르는 곳에 외딴 집을 짓고, 시원한 낮에는 너럭바위에 앉아 물에 발을 담그고 하늘 한 번 쳐다보고 물 한 번 내려다보며 매미소리 새소리 들으며 살고 싶었다' 고 속마음을 털어놓았다. 하지만 종손이 묵묵히 종가를 지켜낼 수 있었던 것은 청백리록을 하사받은 불천위선조에 대한 자긍심 때문이었다. 종손은 청백리이자 어진 목민관으로 백성을 위해 헌신하셨던 선조를 기리고, 알리는 일이라면 적극적으로 나서고 있다. 영주시에서 이몽룡축제를 추진하는 일이 앞으로 잘 진행되기를 바라기도 한다. 그는 선조의 청백리록의 정신과 「춘향전」에서 보여주는 지고지순한 사랑의 정신을 널리 알리고 싶다고 했다. 그래서 아들과 며느리에게도 이몽룡과 성춘향처럼 화평하게 잘 살기를 당부한다. 더불어 종가가 잘 보존되도록 관과 종가가 서로 협조해 나가기를 바라고 있다.

2. 차종손의 가풍 계승 노력

  계서종가의 차종손 성익창成翊彰은 1969년생으로 현재 포스코 건설에 부장으로 재직하고 있다. 그가 참석하는 차종손 모임인 영맥회는 유교문화의 전승에 중심적인 역할을 하고 있는 경북지역 영종회 소속 120여 불천위 종가의 자제들의 모임이다. 차종손들은 상호간의 친목과 더불어, 옛 선비들의 정신을 이어받아 전통문화의 가치를 계승하고 발전시키는 데에 노력하고 있다. 그는 이 모임에서 임진왜란 때 의병장과 남원부사를 지낸 성안의의 자제로, 청백리와 「춘향전」 속의 이몽룡의 실존 인물로 알려진 계서 성이성의 후손이라는 점에서 남다른 주목을 받고 있다.

  이런 주변의 관심에 부응하기 위하여 그는 계서 종택을 중심

이몽룡 기념사업회 현판식(왼쪽에서 첫 번째 차종손 성익창, 두 번째가 김남일 회장)

으로 문중 자제들의 정신이 깃든 '이몽룡 테마타운' 을 조성하여, 청백리 정신은 물론 실존인물 성이성의 암행어사 활동과 「춘향전」속의 암행어사 정신을 엮어서 '한국인의 남녀사랑과 나라사랑의 메카' 로 만들어 안동과 하회와 영주와 연계된 유가적 관광문화의 명소가 되기를 바라고 있다. 인접한 지역이면서 부용당과 계서의 출생지와 활동지, 그리고 출묘소가 있는 봉화군과 영주시가 합력하여 장기적인 비전을 마련하는 방향도 고려하고 있다. 이런 관의 뜻과 함께하는 민의 지원을 위하여 〈이몽룡·성이성 기념사업회〉가 2012년 3월에 조직되었고, 이미 이몽룡과 성이성을 활용한 지역문화산업 활성화 방안으로 봉화군에서는 포럼 행사와 함께 〈계서문화제〉를 통해 '과거급제 유가행렬 재현

제1회 이몽룡 축제

행사' 등을 선보이기도 하였고, 한국국학진흥원에서는 계서종가
유물의 기탁 행사와 병행하여 〈계서 성이성 유물 특별전시회〉를
개최하여 어사화와 암행어사 출도 때 사용한 얼굴가리개 등도 공
개하며, 청백리 체험관 등의 건립을 위한 기획안 마련도 추진하
고 있다.   또 영주시에서는 2014년에 창작극 〈조선청백리 성이
성―이몽룡전〉을 제작하여 공연하기도 하였다.

　　차종손 성익창은 "시대가 변하여 많은 종가와 종손이 예전
과 달라진 사회환경과 생활여건으로 어려움에 처한 것은 현실이
지만, 400년을 내려온 종가를 지켜야 한다는 사명감과 책임감이
자신을 지탱하게 하는 보이지 않는 힘"이라고 하면서 "지방 자치
단체와 정부의 관심과 지원으로 청백리의 혼이 깃든 계서종가에

계서 성이성을 기념하는 〈고전소설 연구관〉, 〈청백리 문화관〉이 건립되어 선비문화 및 청렴문화 체험장으로 활용되기를 바라며, 유가 전통문화 전승과 창의적이고 혁신적 종가전통의 수호자로서의 역할을 감당하겠다."라는 굳은 의지를 보여주었다.

제7장 청백리 암행어사 성이성과 「춘향전」

봉화군 초입에 위치한 계서당 안내판

봉화군 초입에 위치한 계서당 안내판

민족 최대의 고전 「춘향전」에서 남원부사의 아들 이도령과 기생의 딸 춘향이 광한루에서 만나 정을 나누다가, 남원부사가 임기를 끝내고 서울로 돌아가자 두 사람은 다시 만날 것을 기약하며 이별한다. 그 다음 부임한 신관新官이 춘향의 미모에 반하여 수청을 강요하지만 춘향은 일부종사一夫從事를 앞세워 거절하다 옥에 갇혀 죽을 지경에 이르게 된다. 이후 과거에 급제한 이도령이 어사가 되어 출두하여, 탐관오리인 신관부사를 봉고파직封庫罷職시키고 춘향을 구출하여 정실부인으로 맞아 백년해로를 한다.

작가는 미상이고, 광대들에 의해 판소리로 전해지다가 소설이 되었다는 것이 그동안의 통설이었다. 이런 상식적 지식을 깨고, 최근 10여 년간 등장한 새로운 연구 성과에서는 「춘향전」의 작가는 산서山西 조경남趙慶男(1570-1641)이고, 그는 자신의 제자였던 계서 성이성이 훗날 암행어사가 된 사실을 소재로 하여 「춘향전」을 창작하였다는 결과를 내놓았다.

봉화에는 「춘향전」의 남자 주인공 이도령의 실제 모델이 살던 곳으로 알려지기 이전에도, 시대를 거슬러 한국 최고 사랑문학의 더 근원적인 원천이라 할 수 있는 신라 시대의 '슬픈 사랑의 전설' 도 전해 오고 있음이 성균관대학교 안동문화권 학술조사팀에 의하여 채록되었다.

신라 선덕여왕의 아들 효도왕자가 궁중생활이 싫어 팔도유람을 다니면서 하인 하나를 데리고 봉화군 재산에 이르니 오월 단오라 주막에 머물렀다가 이른 아침 이상한 소리에 창을 여니 화천 가 버드나무 사이로 아리따운 처녀가 추천하는 모습이 보였다. 그중에서도 남색 치마 분홍 저고리를 입은 처녀에게 마음이 끌려 효도가 하인을 시켜 집과 이름을 물어보니 백정의 딸 월선이었다. 그날 밤 왕자는 월선의 집을 찾으니 주인은 주안상을 대접하는데 월선이 술을 권하였다. 두 사람은 사랑을 맺었다. 그러던 중 선덕여왕이 위독하여 또한 왕자가 처녀를 얻음이 도리에 어긋난다 하여 속히 환궁하라는 왕명에 재산, 도산 간의 눈물고개에서 이별하게 되었다. 왕자는 후일을 기약하면서 장차 왕비에게 줄 금비녀를 월선에게 주고 떠났다.

이런 전설이 전하는 이곳에 종가의 터를 잡은 계서 성이성은 야사 모으기를 좋아하는 스승 산서 조경남에게 봉화에 전하는 신라 왕자의 '슬픈 사랑이야기'를 1639년에 45세의 나이로 암행어사가 되어 돌아와 광한루에서 하룻밤을 머물렀던 그때에 전해 주었을까? 아니면 다른 연고로, 남원 지역에 전하던 선조 때의 노진과 선천부의 기생과의 사랑이야기를 자신과 암행어사가 되어 돌아온 옛 제자의 실화에서 소재를 얻었을까?

「춘향전」의 원작가인 산서 조경남은 유학자요, 임진왜란과

정유재란 당시 의병장이었다. 당시에는 남원도호부였던 남원 주천면 내송리에서 태어났다. 그는 6세 때에 아버지 조벽이, 그리고 13세 때에 어머니가 세상을 떠나자 외조모를 봉양하며 생활했다. 17세에는 임진왜란을 당해 충청도 금산전투에서 순국한 의병장 조헌의 문하생이 되어서 성리학의 깊은 뜻을 통달하였기에 총명한 제자로 인정받았다. 그 후, 23세 때에는 임진왜란이 일어나자 스승처럼 적과 맞서 싸우며, 남원 인근 지역에서 왜병을 격퇴한 무패의 의병장이 되었다. 특히, 임진왜란 첫 해에는 가산을 풀어 모집한 의병 500여 명을 이끌고 운봉 팔랑치 첫 싸움에서 왜적 100여 명을 전멸시켰다. 이어 지리산 육십령 전투에서도 거듭 승전하였다. 정유재란 때에도 지리산 불우치 매복전, 궁장동 혈전, 하동 추격전, 탄음과 산음의 화공전 등의 10여 차례의 전투에서 지형지물을 이용한 병법과 용병술로 혁혁한 전공을 세웠기에 주변에서는 그를 '제갈공명의 환생'이라 일컬었다.

그는 병자호란으로 나라가 또다시 위태롭게 되자, 67세의 노령임에도 불구하고 의병을 모아 청주까지 진격했지만, 인조가 남한산성에서 청에게 항복을 하였기에 울분을 품고 귀향하였다. 이 같은 의병 활동의 공적을 인정해 조정에서는 벼슬을 내렸지만 그는 끝내 사양했다.

산서 조경남이 「춘향전」을 창작한 동기는 나라의 힘이 약하면 전란의 고통을 이겨내지 못한다는 것을 절실하게 체험하면서 포의布衣의 신분으로 죽음을 각오하고 의병활동을 할 때부터 싹트고 있었다. 그는 투철한 애국정신과 유학자로서의 학문을 바탕으로 적극적인 현실 참여를 통해 자신의 뜻을 표현하였다. 그는 임진왜란을 통하여 국가 내부의 혼란이 외세 침략의 수난으로 이어지는 것을 목격하였다. 또 전란 중에도 관리들의 횡포가 성행하는 것을 보면서 전란의 원인에 대한 자성과 고민을 하기에 이르렀다. 또 광해군의 폭정과 이를 거부한 세력들이 반정을 일으키는 정치적 소용돌이 속에서 국정의 기강이 무너지면서 백성들의 삶이 더욱 어려워지는 것을 목격하였다. 그는 이런 난국 속에서도 내치를 이루려면 관리들은 청렴을, 백성들은 의리를 알아야 한다고 생각했지만, 그에게는 관리들을 청렴하도록 교정하고 백성들이 의리를 알아 풍속이 두터워지도록 교화시킬 정치적 힘이 없었다.

그의 일생 중에서 「춘향전」과 가장 깊은 관련을 보여주는 사건은 중풍으로 인사불성의 위기를 겪으면서 문필 활동을 계속하던 중, 1639년 암행어사가 된 제자 계서 성이성과 광한루에서 재회한 사건이다. 조경남은 이 만남을 소재로 문학을 통해 자신의 꿈을 실현하는 새로운 길을 발견할 수 있었다. 즉, 그는 암행어사 성이성에게 받은 자극을 토대로 자신에게 남은 마지막 현실참여의 방법인 문필로써 청렴과 의리를 실현하는 인물들의 이야기를 창작할 계기를 얻은 것이다. 그는 자신이 겪은 시대 상황과 현실

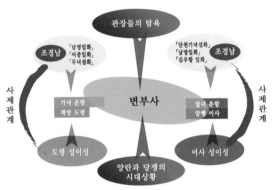

「춘향전」 대표 인물소재원 학술그래픽

인식을 강력하게 반성하여 부패한 관리의 폭정과 정치, 기생 춘
향의 지조와 저항을 주제로 하는 「춘향전」을 창작한 것이다.

「춘향전」에서 춘향과 이도령이 만나는 공간적 배경인 광한
루는 임진왜란 때 소실되었다가 중건된 누각이기에 더욱 큰 역사
적 의미를 지니고 있다. 즉, 광한루는 불태워도 사라지지 않는 자
신의 고향 남원의 상징적 공간이며, 거기에서 암행어사가 된 성
이성과의 재회는 '스승과 제자의 만남', '한양 관료와 지방민의
만남', '절개 있는 자와 이를 알아주는 이의 만남'이라는 총체적
인 상징성을 지니고 있다.

이때에 「춘향전」의 꽃이라 할 수 있는 '어사출도 대목'의 묘
미가 살아난다. 이 문제를 그냥 지나치는 이들이 소위 이 시대의

남원의 광한루

'변부사'요, 변부사 생일잔치에 모여서 기생들과 한판 즐기고 있
는 인근의 수령들이다.

금술잔의 좋은 술은 천 백성의 피와 같고	金樽美酒千人血
옥 술상의 비싼 안주 만 백성의 살과 같다.	玉盤佳肴萬姓膏
촛불 눈물 떨어질 때 백성 눈물 떨어지고	燭淚落時民淚落
노랫소리 높은 곳에 원망소리 드높더라.	歌聲高處怨聲高

위의 「금준미주시」는 춘향과 이도령의 신분을 뛰어넘은 사
랑의 이야기를 담고 있는 「춘향전」의 주제시에 해당한다. 원초의

「춘향전」 이후 그 어떤 이본에서도 등장하는 작품의 눈이요, 꽃에 해당하는 핵심 요소이다.

광해군 15년인 1622년의 『속잡록續雜錄』의 기사에 명나라 장수 조도사趙都司가 조선에 와서 정치가 혼란한 것을 보고 읊었다는 한시가 있다. 이 한시를 조경남은 물론, 성이성이 남원에서 직접 읊은 것이 아니고, 극적인 의미를 강화시키고자 조경남이 덧보탠 것이다.

조경남은 「춘향전」 속에서 변부사에 대한 비판을 하나의 정점에 두고, 변부사의 탐관오리적 행위를 비유적으로 폭로하는 암행어사가 '금준미주시'를 읊으며 '어사출도'하는 장면을 설정하였다. 이는 자신의 제자 성이성을 모델로 한 「춘향전」 속에서 암행어사가 보여주는 능력으로, 조도사가 조선 조정의 혼정에 대한 비판의 수준에서 한편으로는 지방 관장인 변부사를 심판하고, 다른 한편으로는 춘향 한 사람만이 아니라 고통 속에 신음하는 '천 사람은 물론 온갖 성을 가진 모든 백성'을 구제하는 힘 있는 존재로 격상시켰다.

이는 작가요, 스승인 산서 조경남 자신의 구국의 염원과 제자에 대한 사랑을 작품의 대단원에 배치한 것이라 할 수 있다. 제자 성이성의 암행어사로서의 능력을 드러내어, 백성들과 조정의 군주를 감동시켜서 최고의 암행어사요, 애국충신으로 길이 평가되기를 소망하는 마음의 투사이다.

광한루원에서 소개된 춘향전의 한 장면

이 작품의 원류가 부용당과 계서 부자가 부사로서, 암행어사로서 보여준 애민과 애국의 정신에서 비롯됨을 이해하게 된다면, 이 시는 '암행어사 출두'라는 통쾌한 반전의 주제시로서 변부사의 몰락을 보고 즐기는 전통적 향수에서 머물지 않고, 봉화의 계서종가의 아름답고 고귀한 청백리 정신의 전통과 더불어 의로운 삶을 추구하는 선을 지향하는 자들이 끝내 승리한다는 암행어사로부터 보호받는 정의의 시대정신을 인식하고 실천하는 새로운 깨달음을 독자들에게 인식하게 해 줄 것이다.

　　이처럼 산서 조경남은 후에 암행어사가 되어 남원 광한루에서 재회한 제자 성이성 암행어사의 출세담과, 그를 통해 입수한 각 지역 수령들의 횡포와 타락을 소재로 삼고, 허구적 인물 춘향과의 연애담을 기본 서사로 하여 「춘향전」을 창작하였지만, 그동안 우리들은 영정조 시대에 천민 광대들이 여기저기 떠도는 이야기들을 근원설화로 삼아서 엮은 것이 판소리 「춘향가」이고, 창으로 하는 판소리의 극적인 사설을 문자로 옮겨놓은 것이 소설 「춘향전」이라고 배웠고, 또 그렇게 알고 있다.

　　이젠 이런 잘못된 상식에서 벗어나서, 부용당과 같은 선치를 베푼 남원부사가 있었고, 그의 아들 계서 성이성과 같은 청백리 암행어사가 역사적 현실에 있었기에, 이런 인물들과 의병장 출신으로 서로 교류하고, 제자로서 직접 가르친 경험과 감동에 근거하여 출현한 것이 민족 최대의 고전인 「춘향전」이라는 것을 새롭게 인식함으로써, 우리 스스로가 문화적 자존감을 높여가야 할 때이다. 이제 원초의 「춘향전」은 산서 조경남이 남원에서 평생을 살면서 실제로 있었던 사건을 토대로 삼으면서, 그 위에 흥미 중심의 극적인 갈등 서사를 고도의 응축미로 재미있게 덧보태어, 사실과 허구의 융합에 의한 소위 '팩션형 작품' 일 뿐만 아니라, 봉화군의 계서종가와 영주시의 계서정이 바로 「춘향전」의 본산이요, 원류임을 깨달아야 한다.

그런데 아직도 「춘향전」에 대한 잘못된 지식으로, 「춘향전」을 원작가 미상의 작품으로 이해하거나, 춘향을 성안의 부사와 남원의 퇴기 사이에서 태어난 딸로 오해하고 있는 사람들이 많다. 남원을 방문하면 춘향과 광한루가 지역 이미지의 대표로 부각되고 있음을 거리 곳곳에서 쉽게 접할 수 있다. 이 도시의 최대 관광지인 광한루원 안에는 춘향사당과 월매 집도 있다. 이뿐만 아니라, 광한루원과 교천을 사이에 둔 춘향 테마 파크에는 월매 집안에 '부용당芙蓉堂' 이라는 현판을 걸어놓은 '춘향의 방' 도 있다.

남원의 관광문화는 월매와 춘향을 실존인물로 설정하고, 그 위에 작품 「춘향전」의 이야기를 올려놓은 셈이다. 이런 사실은 이미 86회의 행사를 치른 춘향 축제가 춘향사당에서 춘향 추모제로부터 시작하고 있는 것에서도 확인된다. 춘향사당 안에는 춘향의 영정이 있을 뿐만 아니라, 춘향이 실존 인물임을 전제로 한

위) 남원 지리산 입구 육모정에 있는 춘향의 묘
아래) 춘향의 묘 전경

남원시 주천면 호경리 지리산 입구의 육모정六茅亭에는 '만고열
녀성춘향지묘萬古烈女成春香之墓' 라는 비석과 함께 거대한 분묘가
조성되어 있다.

　1960년에 이루어진 이 '성춘향의 묘' 가 조성된 과정을 당시

의 신문 기사를 통해 살펴보자.

지난 달 24일, 읍내 동문 밖 도로확장 공사장에서 성부사成府使 선정비가 발견되어 화제를 모은 이래 좁다란 군수실엔 매일처럼 군내의 고로故老들과 유지들이 둘러 앉아 고증에 심혈을 쏟고 있다. 군수가 앞장을 서고, 체계적인 이론가로 등장한 남원의 춘향 연구가 양(梁龍=68)씨는 굵다란 돋보기 너머로 족보와 씨름하고 있다. "춘향이가 실존인물이냐 아니냐는 질문은 남원에서는 우문에 속하는 얘깁니다." 양씨의 춘향 실존설은 하나의 믿음처럼 굳어 있는 듯했다. …
성부사의 선정비가 세워진 것은 다음 해인 임자년 - 비석 후면에 적힌 연대 만력 39년과 꼭 들어맞는다는 것, 따라서 소설 속의 춘향이가 임자생이므로 비석의 건립연대와 「용성지」의 기록에 나타난 연대, 춘향의 난 해가 모두 일치한다는 것이었다. 월매가 성부사가 떠난 후에 바로 태기가 있었다는 점으로 미루어 그럴듯한 결론이기도 했다. … "춘몽록(春夢錄=春香傳의 원본이라는)의 유래는 그리 새로운 것이 아니다"라고 말하는 양씨. 남원에는 예부터 "양문장(梁文章=梁周翊 씨의 別號)이 「춘향전」을 지었다."라는 말이 전해오고 있다는 것이다. 그러나 이 사실을 확인한 것은 작년 봄의 일이었다고. 「춘몽록」을 비장하고 있다는 것을 알아냈다는 것이다. 그러나 「춘몽록」은

광한루원 춘향사당에 있는 춘향 영정

조상의 유언에 따라 내어놓지 않더라는 것이다.

한국일보(1965년 5월 4일자)의 이 기사는 남원군수실에서 일어나고 있는 한 장면, 전문가들이 아닌 지방 유지들의 판단으로, 춘향은 부용당 성안의成安義와 퇴기 월매의 사이에서 출생한 것으로 단정 짓게 되는 현장을 숨김없이 전해주고 있다.

그런데, 이런 판단은 몇 가지 결정적인 오류를 범하고 있다.

첫째, 여기서는 "무극재無極齋 양주익梁周翊이 지은 「춘몽록春夢錄」이 「춘향전」의 원본"이라고 주장하고 있지만, 그는 1722년에 출생하여 영조와 정조 때에 활동한 학자이고, 영조 30년에는 유진한柳振漢이 판소리 「춘향가」를 듣고 지은 한시 「춘향가 200 구」가 등장을 하는 때이다. 그뿐만이 아니라, 「원춘향전」은 1630 년경에 남원부사의 아들인 계서 성이성을 가르친 스승 조경남이 암행어사가 된 제자를 칭송하기 위하여 창작한 것이기 때문에 무 극재 양주익의 「춘몽록」은 원본 「춘향전」이 아니다.

둘째, "월매가 성부사가 떠난 후에 바로 태기가 있었다"는 것도 「남창 춘향가」를 비롯한 다른 이본에는 출현하지 않는 서술 이므로, 경판이나 안성판의 텍스트에는 없는 완판 「열녀춘향수 절가」에서만 등장하는 설정이다.

> 이때 전라도 남원부의 월매라 하는 기생이 있으되 삼남의 명
> 기로서 일찍 퇴기하여 성가라 하는 양반을 다리고 세월을 보
> 내되 연장 사순의 당하여 일점 혈육이 없어 일로 한이 되어 장
> 탄수심의 병이 되것구나. (중략) 자학골 성참판 영감이 보후로
> 남원에 좌정하여실 때 소리기를 매로 보고 수청을 들나 하옵
> 기로 관장의 영을 못이기여 모신 지 삼삭만의 올나가신 후로
> (84장본 「열녀춘향수절가」)

셋째, "소설 속의 춘향이가 임자생壬子生"이라는 것은 「춘향 전」이 유동성이 강한 작품이라는 속성을 알지 못한 것으로, '임

자생'으로 등장하는 텍스트는 19세기 후반에 나온 「열녀춘향수절가」에서 처음으로 등장한다. 그런데, 「춘향전」 이본의 역사로 볼 때, 춘향의 사회적 계층이 상승하는 것은 춘향의 부친을 성천총成千總으로 설정한 1860년대 동리桐里 신재효申在孝의 「남창 춘향가」에서 비롯된다. 그 후에 출현한 1880년대에 유행한 「열녀춘향수절가」에서는 춘향이 성참판成參判의 서녀로 등장한다.

넷째, 춘향이 부사 성안의와 퇴기 월매 사이에서 출생한 서녀라면, 춘향은 성안의가 51세인 1611년 또는 52세인 1612년에 태어났다는 것이다. 그렇다면 그 16년 후에 남원부사의 책방 도령과의 사랑, 그리고 그 책방 도령이 암행어사가 되는 사건이 있어야 「춘향전」의 골격이 성립된다. 또 이부사와 같은 선치의 부사와 변부사 같은 악덕 부사가 부임해야 한다는 것 등, 연계적 사건이 남원의 역사 속에 나타나지 않는다.

다섯째, 성안의 부사 선정비를 발굴한 이듬해인 1966년 남원시에서는 도시 개발 공사를 하는 도중에 발굴된 〈부용당 성안의 부사 선정비〉와 '성옥녀지묘成玉女之墓'라 새겨진 지석의 발견을 연계시켜서 성옥녀는 남원부사 성안의와 퇴기 월매 사이에 난 딸로서 춘향의 모델로 판단하고, 춘향문화선양회가 주도하고 남원시와 남원 유지들이 힘을 모아 1990년 춘향묘역 정화사업의 일환으로 조성하게 된 것이다. 이 춘향 묘소에 세워진 대형의 비석에는 '만고열녀성춘향지묘萬古烈女成春香之墓'라 새겨 놓았고,

남원 광한루원의 월매집 연당

국내외 관광객들이 참배하는 성스러운 곳이 되었다.

　이러한 논의에서 본다면, 남원 지역에서 춘향문화를 선양하는 이들은 춘향을 부용당 성안의 부사와 퇴기 월매의 딸로 만들어 국민들을 곡해시키고 있다. 그러하기에 계서종가에 대한 글에서는 춘향을 성이성의 동생처럼 논의하고 있는 남원 지역의 주장이 왜곡이라는 사실을 먼저 밝히는 것이, 민족고전 「춘향전」의 남자 주인공 '이도령' 의 실제 모델이 계서종가의 청백리 암행어사 성이성이라는 논리와 더불어 해결하여야 할 긴급 현안이 된 것이다.

　봉화의 계서종가가 국민들, 특히 관광객들에게 주목을 받는 상황은 남원 지역에서의 부용당 성안의와 실화 차원에서의 「춘향전」에 얽힌 이야기의 실체가 보다 분명히 인식되지 않은 상태에서는 그 진정성을 확보하기가 어렵다.

문제의 심각성은 여기서 끝나지 않는다. 필자는 지난 십여 년 동안 지속적으로 부용당 성안의 남원부사의 아들이었던 책방도령 계서 성이성이 「춘향전」의 이몽룡의 모델이 되었다는 사실을 저술을 통해 밝혀왔다. 그 근거로 성이성이 호남 암행어사가 되어 두 차례에 걸쳐서 남원을 방문했다는 『호남암행록』의 기록 등을 제시하였다.

삼십일 아침 부사가 와서 뵈었다. 식사 후 길을 떠나 오후에 역참에서 쉬니 여기가 바로 순천땅이니 부로부터 25리의 거리였다. 저녁에 배로 낙수를 건너서 구례에서 명령을 기다리는 자들을 만났다. 해가 지고난 후 구례에 들어가 유숙했다. 사또 이경후가 논박을 받고 파직되었다. 곡성현감 이문주가 맞으러 왔다(三十日朝 府伯來見 食後發行 午歇站所 乃順天地 而去府二十五里也 夕時舟渡洛水求禮逢待候 日落後入宿求禮 主倅李慶厚被論見罷 谷城縣監李文柱來待).

십이월 초하루 아침 어스름에 길을 나서서 십 리가 채 안 되어 남원땅이었다. 내방한 것을 맞아 주었다. 비가 오다 그치다 하였다. 성현에서 유숙하고 눈을 무릅쓰고 들어갔다. 원천부사 홍주가 맞이해 주면서 진사 조경남의 집에 자리를 베풀어주었다. 조진사는 바로 내가 어렸을 때 송림사에서 학제공부를 가르쳐 준 분이다. 기묘년에 또한 암행차로 광한루에 들렀을 때는 조진사가 아직도 건재해서 이 누에서 동숙했었는데, 이제는 이미 세상을 떠나 그 첩의 자식인 조목 형제 등만 나와 인사했다. 그 가족들이 다담상을 들러 들어왔다. 조씨네와 헤어졌다. 오후에는 눈바람이 크게 일어서 지척이 분간되지 않았지만 마침내 광한루에 가까스로 도착했다. 늙은 기녀인 여진과 늙은 서리인 강경남이 맞으며 인사해 왔다. 날이 저물어 아전과 기생을 모두 물리치고 동자와 서리들과 더불어 광한루에 나와 앉았다. "흰 눈이 온 들을 덮으니 대숲이 온통 모두 희도다." 거푸 소년시절 일을 회상하고는 밤이 깊도록 능히 잠을 이루지 못했다(十二月初一日 平明發行未十里 乃南原地也 迎逢來訪 或雨或止 蹕宿星峴冒雪入 元川府使興周來迎 設席于趙進士慶男家 進士乃余少時學製于松林寺者也 己卯年亦以暗行過廣寒時 進士尚在同宿于樓上 今則已沒 其妾子趙牧等兄弟出拜 府人進茶啖入 送趙家 午後風雪大作 咫尺不卞 遂作行艱到寒樓 老妓女眞及老吏姜敬男來拜 日昏令房妓皆退去 與小童及書吏出坐樓檻 雪色滿野 竹林皆白 仍思少年事 夜深不能寐).

부용당 성안의 부사는 남원에서 선정을 하였기에, 광주목사로 승진하였다. 계서 성이성은 부친이 남원부사로 재임했던 12세인 1607년부터 16세인 1611년까지 4년간 스승 산서 조경남과 함께 지리산 송림사에서 함께 기거하면서 과거시험 준비를 하였다.

그 후 28년이 지난 다음, 1639년(인조 17)에 제자 성이성은 암행어사의 자격으로 남원의 옛 스승을 찾아 왔다. 그 후 다시 12년이 지난 다음인 1647년(인조 25)에 다시 옛 스승의 집을 찾아가니, 스승 조경남은 이미 세상을 떠난 후였기에, 그의 서출 자제들과 만났다. 그리고 나서 성이성 암행어사는 홀로 눈보라가 치는 추운 날씨 속에서 광한루를 찾아갔다. 그곳에서 그를 찾아온 늙은 기생 여진女眞과 늙은 아전 강경남姜慶男을 만났다. 해가 지고 난 후에, 시중드는 기생들을 물리치고 소동 서리들과 함께 광한루 난간에서 대화를 나누었다. 설경 속에서 회포에 잠기며 소년시절의 추억을 회상하느라 잠을 이루지 못했다.

필자는 2000년에 출간한 『춘향예술의 역사적 연구』(연세대 출판부)를 시작으로 2001년에는 『춘향전의 비밀』(서울대 출판부)을, 2016년에는 『춘향전 주석』(서울대 출판문화원)을 출간하면서 연구와 해설을 통해서 계서종가를 일으킨 성이성은 이도령의 모델이 되었으며, 그의 스승인 산서 조경남이 「춘향전」의 원작가임을 밝혀왔다.

연구 수준이 여기에 이르렀음에도 불구하고, 여전히 남원에서는 '춘향 실존인물설' 에 근거한 성안의 부사와 퇴기 월매 사이에서 태어난 '서녀 춘향' 의 존재를 그대로 유지하고 있다. 이런 전문 학자의 연구 성과와 남원에서 유지하고 있는 1960년대의 지방 유지들의 고증에 근거한 상충된 부용당과 춘향, 계서 성이성과 이몽룡에 대한 해석은 자칫 '춘향과 이도령의 사랑' 은 부용당 성안의를 부친으로 한 '이복형제 간의 사랑' 이라는 막장 드라마 같은 혼란스런 인식을 일으키기에 충분하다. 남원과 봉화를 다녀간 관광객과 독자들, 그리고 인터넷의 상이한 정보를 접한 네티즌들, 그리고 학교 교육에서까지 계서종가의 정체성에 대한 혼란은 여전히 현재진행형이다.

참고문헌

강선중 · 김홍식, 「마을 공간 구성방법에 대한 한국전통사상 연구」, 『대한
　　　건축학회 학술발표논문집』, 6권 1호, 대한건축학회, 1986.
경상북도 · 경북대영남문화연구원, 『경상북도 종가문화연구』, 예문서원,
　　　2009.
김동욱, 『춘향전 연구』, 연세대학교출판부, 1965.
김학수, 「조선중기 한강학파의 등장과 전개」, 『한국학논집』 40, 계명대학
　　　교 한국학연구원, 2010.
봉화군, 『봉화군지』, 1988.
봉화군, 『봉화의 촌락과 지명』, 구일출판사, 1987.
설성경, 『춘향전의 역사적 연구』, 연세대학교출판부, 1996.
설성경, 『춘향전의 비밀』, 서울대학교 출판문화원, 1999.
성안의, 『부용당선생문집』, 『부용당일고』.
성이성, 『계서문집』, 『계서일고』.
이순형, 『한국의 명문 종가』, 서울대학교출판부, 2000.
이원걸, 「부용당선생일고 해제」, 『퇴계학』 14집, 안동대학교 퇴계학연구
　　　소, 2009.
이중환 저, 이익성 옮김, 『택리지』, 한길사, 1992.
『진주금석문총람』, 진주시사편찬위원회, 1995.
『진주의 문화유산』, 진주문화원, 2009.
『창녕성씨세감록』, 이화옵셋출판사, 1991.
한국국학진흥원 유교문화박물관, 『청백리 계서 성이성』, 2014.
한국 옛집 콘텐츠 DB 구축사업단, 『한국의 옛집』, 2016.
한국국학진흥원 교육연수실, 『전통문화의 맥을 잇는 종가문화』, 한국국학
　　　진흥원, 2008.
『한국의 가옥, 한국의 전통가옥 기록화보고서』, 문화재청, 2014.
한국정신문화연구원, 『한국민족문화백과사전』, 1988.
한필원, 『한국의 전통마을을 찾아서』, 휴머니스트, 2011.